现代蔬菜病虫害防治丛书

绿叶类蔬菜病虫害诊治原色图鉴

高振江　吕佩珂　张冬梅　主编

化学工业出版社
·北京·

内容简介

本书紧密围绕绿叶蔬菜生产需要，针对生产上可能遇到的大多数病虫害，包括不断出现的新病虫害，不仅提供了可靠的传统防治方法，也挖掘了不少新的、现代的防治方法。本书图文并茂，介绍了菠菜、芹菜、莴苣、油麦菜等 26 类绿叶蔬菜常发生的 248 种病害、32 种虫害，配合症状特写照片和病原生物各期照片，便于准确识别病虫害，做到有效防治。内容上按不同地域，分析了病因，病原的生活史与生活习性、为害症状与特点、分布与寄主、传播途径和发病条件，给出了行之有效的生物、物理、化学防治方法，科学实用，可作为各地家庭农场、蔬菜基地、农家书屋、农业技术服务部门参考书，指导现代绿叶蔬菜生产。

图书在版编目（CIP）数据

绿叶类蔬菜病虫害诊治原色图鉴 / 高振江，吕佩珂，张冬梅主编．—3版．—北京：化学工业出版社，2024.4

（现代蔬菜病虫害防治丛书）

ISBN 978-7-122-45094-4

Ⅰ.①绿… Ⅱ.①高… ②吕… ③张… Ⅲ.①绿叶蔬菜-病虫害防治-图解 Ⅳ.①S436.36-64

中国国家版本馆CIP数据核字（2024）第034921号

责任编辑：李　丽　　　　文字编辑：李　雪

责任校对：宋　夏　　　　装帧设计：关　飞

出版发行：化学工业出版社

（北京市东城区青年湖南街13号　邮政编码100011）

印　　装：河北鑫兆源印刷有限公司

850mm×1168mm　1/32　印张6¼　字数213千字

2024年5月北京第3版第1次印刷

购书咨询：010-64518888　　售后服务：010-64518899

网　　址：http://www.cip.com.cn

凡购买本书，如有缺损质量问题，本社销售中心负责调换。

定　　价：39.80元

编写人员名单

主　编：高振江　吕佩珂　张冬梅

副主编：苏慧兰　刘　丹　高　娃

参　编：王亮明　潘子旺　高　翔

前言

近年来，随着全国经济转型发展，我国蔬菜产业发展迅速，蔬菜种植规模不断扩大，对加快全国现代农业和社会主义新农村建设具有重要意义。据中华人民共和国农业农村部统计，2018 年，我国蔬菜种植面积达 $2.04 \times 10^{7}hm^{2}$，总产量 $7.03 \times 10^{8}t$，同比增长 1.7%，我国蔬菜产量随着播种面积的扩张，产量保持平稳的增长趋势，2016 ~ 2021 年全国蔬菜产量复合增长率 2.18%，蔬菜产量和增长率均居世界第一位。目前，全国蔬菜播种面积约占农作物总播种面积的 1/10，产值占种植业总产值的 1/3，蔬菜生产成为了农民收入的主要来源。

2015 年，中华人民共和国农业部启动农药使用量零增长行动，同年 10 月 1 日，被称为“史上最严食品安全法”的《中华人民共和国食品安全法》正式实施；2017 年国务院修订《农药管理条例》并开始实施，一系列法规的出台，敲响了合理使用农药的警钟。

编者于 2017 年出版了“现代蔬菜病虫害防治丛书”（第二版），如今已有七年之久。与现如今的蔬菜病虫害种类和其防治技术相比较，内容不够全、不够新！为适应中国现代蔬菜生产对防治病虫害的新需要，编者对“现代蔬菜病虫害防治丛书”进行了全面修订。修订版保持原丛书的框架，增补了病例和病虫害。

本书结合中国现代蔬菜生产特点，重点介绍两方面新的关键技术：

一是强调科学用药。全书采用一大批确有实效的新杀虫杀菌剂、植物生长剂、复配剂，指导性强，效果好。推荐使用的农药种类均通过“中国农药信息网”核对，给出农药使用种类和剂型。针对部分蔬菜病虫害没有登记用药的情况，推荐使用其他方法进行防治。切实体现了“预防为主，综合防治”的绿色植保方针。

二是采用最新的现代技术防治蔬菜病虫害，包括商品化的抗病品种的推广、生物菌剂如枯草芽孢杆菌、生防菌的应用等，提倡生物农药结合化学农药共同防治病虫害，降低抗药性产生的同时，还可以降低农药残留，提高防治效果。

编者

2024 年 2 月

第一版前言

我国是世界最大的蔬菜（含瓜类）生产国和消费国。据 FAO 统计，2008 年中国蔬菜（含瓜类）收获面积 2408 万公顷 ($1hm^2=10^4m^2$)，总产量 4.577 亿吨，分占世界总量的 44.5% 和 50%。据我国农业部统计，2008 年全国蔬菜和瓜类人均占有量 503.9kg，对提高人民生活水平做出了贡献。该项产业产值达到 10730 多亿元，占种植业总产值的 38.1%；净产值 8529.83 多亿元，对全国农民人均纯收入的贡献额为 1182.48 元，占 24.84%，促进了农村经济发展与农民增收。

蔬菜病虫害是蔬菜生产中的主要生物灾害，无论是传染性病害或生理病害或害虫的为害，均直接影响蔬菜产品的产量和质量。据估算，如果没有植物保护系统的支撑，我国常年因病虫害造成的蔬菜损失率在 30% 以上，高于其他作物。此外，在防治病虫过程中不合理使用化学农药等，已成为污染生态环境、影响国民食用安全、制约我国蔬菜产业发展和出口创汇的重要问题。

本套丛书在四年前出版的《中国现代蔬菜病虫原色图鉴》的基础上，保持原图鉴的框架，增补病理和生理病害百余种，结合中国现代蔬菜生产的新特点，从五个方面加强和创新。一是育苗的革命。淘汰了几百年一直沿用的传统育苗法，采用了工厂化穴盘育苗，定植时进行药剂蘸根，不仅可防治苗期立枯病、猝倒病，还可有效地防治枯萎病、根腐病、黄萎病、根结线虫病等多种土传病害和地下害虫。二是蔬菜作为人们天天需要的副食品，集安全性、优质、营养于一体的无公害蔬菜受到每一个人的重视。随着人们对绿色食品需求不断增加，生物农药前景十分看好，在丛书中重点介绍了用我国“十一五”期间“863 计划”中大项目筛选的枯草芽孢杆菌 BAB-1 菌株防治灰霉病、叶霉病、白粉病。现在以农用抗生素为代表的中生菌素、春雷霉素、申嗪霉素、乙蒜素、井冈霉素、高效链霉素（桂林产）、新植霉素、阿维菌素等一大批生物农药应用成效显著。三是当前蔬菜生产上还离不开使用无公害的化学农药！如何做到科学合理使用农药至关重要！丛书采用了近年对我国山东、河北等蔬菜主产区的瓜类、茄果类蔬菜主要气传病害抗药性监测结果，提出了相应的防控对策，指导生产上科学用药。本书中停用了已经产生抗性的杀虫杀菌剂，全书启用了一大批确有实效的低毒的新杀虫杀菌剂及一大批成功的复配剂，指导性强，效果相当好。为我国当前生产无公害蔬菜防病灭中所急需。四是科学性强，靠得住。我们找到一个病害时必须查出病原，经过鉴定才写在书上。五是蔬菜区域化布局进一步优化，随种植结构变化，变换防治方法。如采用轮作防治枯黄萎病，采用物理机械防治法防治一些病虫。如把黄色黏胶板放在棚室中，可诱杀有翅蚜虫、斑潜蝇、白粉虱等成虫。用蓝板可诱杀蓟马等。

本丛书始终把生产无公害蔬菜（绿色蔬菜）作为产业开发的突破口，有利于全国蔬菜质量水平不断提高。近年气候异常等温室效应不断给全国蔬菜生产带来复杂多变的新问题。本丛书针对制约我国蔬菜产业升级、农民关心的蔬菜病虫害无害化防控、国家主管部门关切和市场需求的蔬菜质量安全等问题，进一步挖掘新技术，注重解决生产中存在的实际问题。本丛书内容从五个方面加强和创新，涵盖了蔬菜生产上所能遇到的大多数病虫害，包括不断出现的新病虫害。本丛书 9 册介绍了 176 种现代蔬菜病虫害千余种，彩图 2800 幅和 400 多幅病原图，文字 200 万，形式上图文并茂、科学性、实用性、通俗性强，既有传统的防治法，也挖掘了许多现代的防治技术和方法，是一套紧贴全国蔬菜生产，体现现代蔬菜生产技术的重要参考书。可作为中国进入 21 世纪诊断、防治病虫害指南，可供全国新建立的家庭农场、蔬菜专业合作社、全国各地农家书屋、广大菜家、农口各有关单位参考。

本丛书出版之际，邀请了中国农业科学院植物保护研究所赵廷昌研究员对全书细菌病害拉丁文学名进行了订正。对蔬菜新病害引用了李宝聚博士、李林、李惠明、石宝才等同行的研究成果和《北方蔬菜报》介绍的经验。对蔬菜叶斑病的命名采用了李宝聚建议，以利全国尽快统一，在此一并致谢。

由于防治病虫害涉及面广，技术性强，限于笔者水平，不妥之处在所难免，敬望专家、广大菜农批评指正。

编者

2013 年 6 月

第二版前言

四年前出版的“现代蔬菜病虫害防治丛书”深受读者喜爱，于短期内售罄。应读者要求，现对第一版图书进行修订再版。第二版与第一版相比，主要在以下几方面做了修改、调整。

1. 根据读者的主要需求和病虫害为害情况，将分册由 9 个调整为 5 个，分别是《茄果类蔬菜病虫害诊治原色图鉴》《绿叶类蔬菜病虫害诊治原色图鉴》《葱姜蒜薯芋类蔬菜病虫害诊治原色图鉴》《瓜类蔬菜病虫害诊治原色图鉴》《西瓜甜瓜病虫害诊治原色图鉴》。

2. 每个分册均围绕安全、绿色防控的原则，针对近年来新发多发的病虫害，增补了相关内容。首先在防治方法方面，重点增补了近年来我国经过筛选的、推广应用的生物农药及新技术、新方法，主要介绍无公害化学农药、生物防控、物理防控等；其次在病虫害方面，增加了一些新近影响较大的病虫害及生理性病害。

3. 对第一版内容的修改完善。对于第一版内容中表述欠妥的地方及需要改进的地方做了修改。比如一些病原菌物的归属问题根据最新的分类方法做了更正；一些图片替换成了清晰度更高、更能说明问题的电镜及症状图片；还有对读者和笔者在反复阅读第一版过程中发现的个别错误一并进行了修改。

希望新版图书的出版可以更好地解决农民朋友的实际问题，使本套丛书成为广大蔬菜种植人员的好帮手。

编者

2017 年 1 月

目录

一、菠菜病害

二、番杏病害

三、长寿菜病害

四、芹菜、西芹病害

五、莴苣、结球莴苣病害

六、油麦菜（长叶莴苣）病害

七、花叶莴苣（花叶生菜）病害

八、菊苣病害

九、莴笋（茎用莴苣）病害

十、蕹菜病害

十一、苋菜、彩苋病害

十二、茼蒿病害

十三、冬寒菜病害

十四、落葵病害

十五、茴香、球茎茴香病害

十六、苦苣病害

十七、叶菾菜（君荙菜）、红梗叶菾菜病害

十八、蕺菜（鱼腥草）病害

十九、鸭儿芹病害

二十、芫荽、香芹病害

二十一、紫背天葵病害

二十二、京水菜、歪头菜、鼠尾草、花椒、胡椒病害

二十三、罗勒、紫罗勒病害

二十四、诸葛菜、珍珠菜、荠菜病害

二十五、薄荷病害

二十六、紫苏病害

二十七、绿叶蔬菜害虫

一、菠菜病害

菠菜猝倒病

症状　该病是早春播种菠菜上的主要病害，俗称“烂倒”。主要为害幼苗的嫩茎。子叶展开后即见发病，幼苗茎基部呈浅褐色水渍状，后发生基腐，幼苗尚未凋萎已猝倒，不久全株枯萎死亡。开始苗床上仅见发病中心，低温、湿度大条件下扩展迅速，出现一片片死苗。

菠菜猝倒病

病原　*Pythium aphanidermatum*（Eds.）Fitzp.，称瓜果腐霉菌，属假菌界卵菌门腐霉属。一般在年平均气温高的地方猝倒病病原 *P. aphanidermatum* 出现频率较高，此外，*Pythium myriotylum* Drechser（称群结腐霉菌）也可引起菠菜猝倒病。

传播途径和发病条件、防治方法参见后文“芹菜、西芹猝倒病”。

菠菜心腐病

症状　主要为害菠菜的茎基部，叶、茎和根均可受害，种子带菌的菠菜发芽后未出土即染病，出土后幼苗茎基变褐、缢缩，引致猝倒或腐烂，造成缺苗断垄。

菠菜心腐病病株

病原　*Phoma tabifica* Prillieux，称甜菜茎点霉，属真菌界子囊菌门茎点霉属。

病菌形态特征、传播途径和发病条件、防治方法参见后文“叶恭菜蛇眼病（黑脚病）”。

菠菜株腐病

症状　菠菜株腐病又称立枯病，是苗期重要病害。刚出土幼苗染病，子叶开始萎蔫，后植株从根际处倒伏或枯死；大苗染病，下部叶片黄化，茎基部产生椭圆形暗褐色病斑，主根呈黑褐色腐烂，致植株逐渐干缩枯死、倒伏在土面上。

菠菜株腐病田间为害状

病原 *Rhizoctonia solani* Kühn，称立枯丝核菌 AG-4 菌丝融合群，属真菌界担子菌门无性型丝核菌属。该菌可分作十多个菌丝融合群，其中 AG-4、Bsp-5 是引起该病的病原菌，AG2-2 引起根腐病，AG2-2 担孢子还可引起叶枯病。

传播途径和发病条件、**防治方法** 参见番杏褐腐病。

菠菜枯萎病

河南安阳一带 4 ～ 6 月播种、6 ～ 8 月上市的淡季菠菜，生长发育处在高温期，又称耐热菠菜或反季菠菜，常发生根腐病，且有逐年加重之势。

症状 这茬菠菜 4 ～ 6 叶期至收获前侵染根部，主根和侧根顶端或侧根基部变成褐色至黑褐色，维管束导管也变褐是鉴别该病的主要特征。发病重的受害主根、侧根脱落，外层叶片先变黄萎蔫，后向内扩展，造成全株枯死。

病原 *Fusarium oxysporum* f. sp. *spinaciae*（Sherbakoff）Snyder et Hansen，称菠菜尖镰刀菌，属真菌界子囊菌门镰刀菌属。

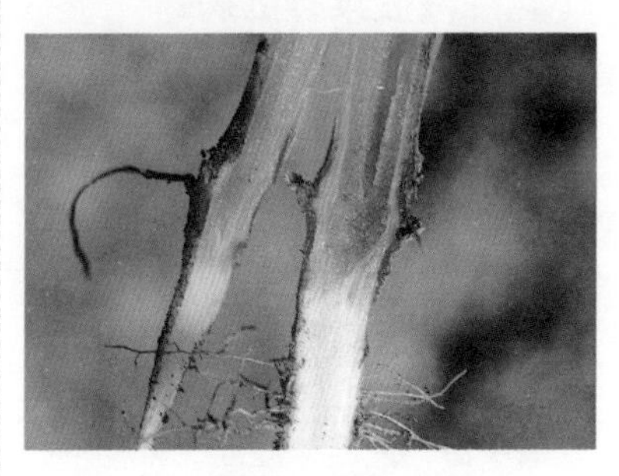

菠菜枯萎病

传播途径和发病条件 前茬收获后再种一茬菠菜，重茬面积逐年扩大或施用了未腐熟有机肥，土壤中积累了大量病原菌为该病发生提供了菌源的条件。病菌在气温 24 ～ 28℃、土温 10 ～ 28℃、相对湿度高于 90% 时侵入植株，为害严重。5 ～ 8 月气温逐渐升高，降雨也多，田间湿度大对病原菌繁殖和侵入有利，且菠菜处在高温高湿条件下，管理跟不上，抗病力下降，易诱发该病。

防治方法 ①选用较抗病的菠菜品种，如华菠 1 号、安菠大叶、荷兰比久大叶菠菜等。②与瓜类、茄果类、豆类蔬菜进行 2 ～ 3 年轮作。③精细整地，施用腐熟有机肥。④进入 6 月播种的采用垄作或条播，不可过密，注意通风。雨后及时排水，适时追肥，忌偏施、过施氮肥，发现病株及时拔除。⑤药剂防治。a. 种子用种了重量 0.3% 的 50% 多菌灵可湿性粉剂拌种。b. 药剂处理土壤。播种前每 667m^2 用 50% 多菌灵 1.5 ～ 2kg，与细土混匀后撒在畦面上耙入土中。c. 发病初期喷淋 70% 噁霉灵可湿性粉剂 1500 倍液或 54.5% 噁霉・福可湿性粉剂 700 倍液或 32% 唑酮・乙蒜素乳油 350 倍液，每 667m^2 灌 250 ～ 300ml。

菠菜褐点病

症状　叶上产生圆形病斑，边缘褐色，略隆起，中央渐变灰褐色，稍凹陷，后病斑上产生黑色霉层，即病原菌的分生孢子梗和分生孢子。

菠菜褐点病

病原　*Heterosporium variabile* Cooke，称变异芽枝孢，亦称变异疣蠕孢，属真菌界子囊菌门疣蠕孢属。

传播途径和发病条件　病菌以菌丝在病部潜伏越冬。条件适宜时产生分生孢子进行侵染，遇有温暖多雨天气易发病。

防治方法　①收获后及时清除病残体，减少田间初始菌源。②采用配方施肥技术，合理密植，适时适量浇水，雨后防止田间积水。③发病初期喷洒 40% 多菌灵悬浮剂 500 倍液或 10% 苯醚甲环唑水分散粒剂 900 倍液或 40% 氟硅唑乳油 5000 倍液、560g/L 嘧菌・百菌清悬浮剂 600 倍液。

菠菜尾孢叶斑病

症状　又称白斑病。主要为害叶片。下部叶片先发病，病斑圆形或近圆形，边缘明显，直径 0.5 ～ 3.5mm，初期病部中间退绿，外缘淡褐色至紫褐色，扩展后逐渐发展为白色斑，湿度大时，有些病斑上可见灰褐色霉状物，即病菌分生孢子梗和分生孢子，干湿变换激烈时，病部中间易破裂，有的长出灰色霉状物。

菠菜尾孢叶斑病

病原　*Cercospora beticola* Sacc.，称甜菜生尾孢，属真菌界子囊菌门尾孢属。

传播途径和发病条件　以菌丝体随病残体在土壤中越冬。翌春产出分生孢子，借风、雨传播蔓延，进行初侵染，侵入寄生后病部又产生分生孢子进行再侵染，不断扩大为害。生长势弱、温暖高湿条件易发病，地势低洼、窝风、管理不善发病重。

防治方法 ①选择地势平坦、有机肥充足的通风地块栽植菠菜。适当浇水，精细管理，提高植株抗病力。②收获后及时清除病残体，集中深埋或烧毁，以减少菌源。③发病初期喷洒27.12%碱式硫酸铜悬浮剂600倍液或1∶0.5∶160倍式波尔多液、40%百菌清悬浮剂600倍液、50%多菌灵可湿性粉剂600倍液，隔7～10天1次，连续防治2～3次。

菠菜链格孢叶斑病

症状 叶斑圆形或近圆形，边缘褐色，中部淡褐色，直径0.3～1cm，多个病斑常融合成不规则形大斑，病斑中部生深青褐色霉层。

病原 *Alternaria spinaciae* Allesch et Noack，称菠菜链格孢，属真菌界子囊菌门链格孢属。

菠菜链格孢叶斑病

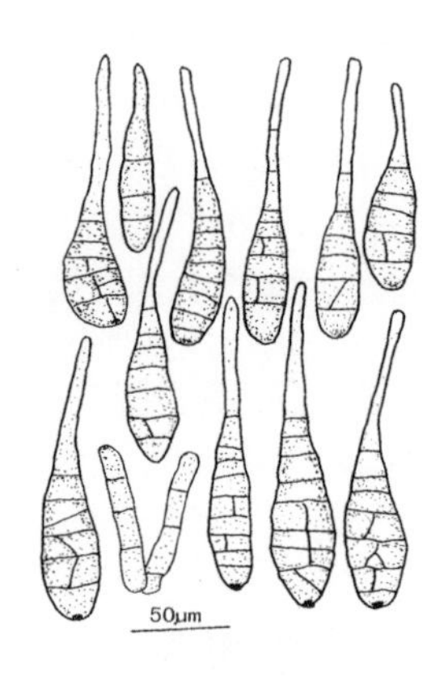

菠菜链格孢叶斑病病菌分生孢子梗和分生孢子

传播途径和发病条件、防治方法 参见辣根链格孢叶斑病。

菠菜灰霉病

症状 主要为害叶片。初生浅褐色不规则形斑点，后扩展成淡褐色润湿性大斑，并在叶背病斑上产生灰色霉层，即病菌分生孢子梗和分生孢子。发病严重的病叶变黑褐色腐烂，干燥条件下失水发黑，可见很多灰色霉状物。

菠菜灰霉病

病原 *Botrytis cinerea* Pers.；Fr.，称灰葡萄孢，属真菌界子囊菌门葡萄孢核盘菌属。

传播途径和发病条件 北方病菌在病残体上越冬。翌春产生大量分生孢子，进行传播。南方病菌分生孢子借气流和雨水溅射传播进行初侵染和再侵染，由于田间寄主终年存在，侵染周而复始不断发生，无明显越冬或越夏期。该病属低温域病害，分生孢子耐干能力强，在低温高湿条件下易流行，温暖高湿条件下，病情扩展也较快。

防治方法 ①选用迟乌叶、东湖菠菜等耐湿品种。②加强田间管理，避免低温高湿条件出现。低温不仅削弱了植株生活力，低温持续时间长，植株长期处在不死不活的状态，抵抗力弱，遇有高湿很易感染灰霉病，因此要千方百计提高田间或棚室温度并降湿，是防治该病根本措施。③菠菜收获后及时清除病残体，集中烧毁或深埋。④合理浇水和施肥，雨后及时排水，防止发病条件出现。⑤发病初期喷洒50%嘧菌环胺水分散粒剂800倍液或55%嘧霉胺·多菌灵可湿性粉剂600倍液、50%啶酰菌胺水分散粒剂1500倍液。

菠菜茎枯病

症状 主要为害种株，初在茎上形成大小不等的梭形或不规则形灰色斑，边缘黑褐色，大小差异较大，病部生出许多小黑点，即病原菌的分生孢子器，严重的病斑环绕茎一周，致病部以上叶片萎垂，病株根部皮层多腐烂，严重的枯死。

菠菜茎枯病

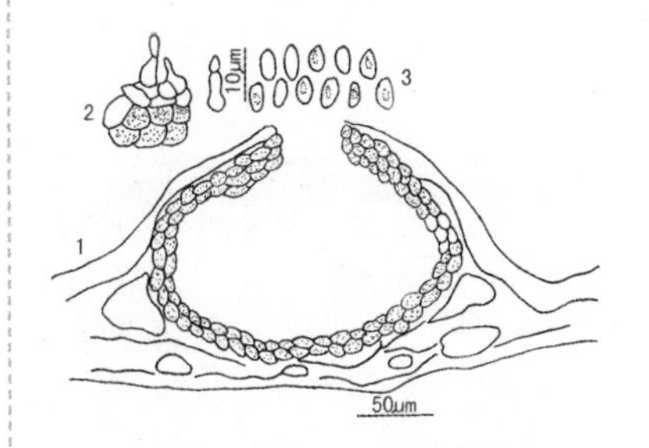

菠菜茎枯病病菌菠菜茎点霉

1—分生孢子器；2—产孢细胞；3—分生孢子

病原 *Phoma spinaciae* Bub. et Kreig.，称菠菜茎点霉，属真菌界子囊菌门茎点霉属。

传播途径和发病条件 病菌以菌丝体或分生孢子器随病残体在土壤中或以菌丝体和分生孢子在种子上越冬。条件适宜时产生分生孢子进行初侵染和再侵染，温暖高湿易发病，采种株发病重。

防治方法 ①收获后及时清除病残体，以减少菌源。②对采种田要加强管理，雨后及时排水，防止湿气滞留。③发病初期喷洒20%噻菌铜悬浮剂500倍液或78%波·锰锌可湿性粉剂600倍液、40%双胍三辛烷基苯磺酸盐可湿性粉剂700倍液。

菠菜白锈病

症状　主要为害叶片。初在叶背面产生白色疱状小脓疱，直径1～5mm，对应叶面呈浅黄色至灰白色，边缘不明显，后期病斑表皮破裂，散出白色粉状物，即病菌的孢子，病斑多的叶片黄枯。该病广西已有记载。

菠菜白锈病叶背白色疱斑

病原　*Albugo occidentalis* G. W. Wilson，称西方白锈菌，属假菌界卵菌门白锈菌属。

传播途径和发病条件　在温暖地区，寄主终年存在，病菌以孢子囊借气流辗转传播，完成其周年循环，无明显越冬期。白锈菌在0～25℃均可萌发，潜育期7～10天，故此病多在纬度或海拔高的低温地区和低温年份的低温季节发病重。

防治方法　①进行隔年轮作。②菠菜收获后，清除田间病残体，以减少菌源。③选用无病种子或用种子重量0.3%的35%甲霜灵拌种。④注意田间排渍，疏株通风。⑤发病初期喷洒69%烯酰·锰锌可湿性粉剂700倍液或64%噁霜·锰锌可湿性粉剂600倍液、70%锰锌·乙铝可湿性粉剂700倍液、72%霜脲·锰锌可湿性粉剂600倍液，隔10天1次，连续防治2～3次。

菠菜叶点病

症状　又称菠菜斑纹病、褐斑病。主要为害叶片。叶片上生淡褐色至暗褐色近圆形或不规则形病斑，直径3～5mm，病斑边缘色较深，后期病部生少量小黑点，即病原菌的分生孢子器。这些小黑点大部分埋藏在寄主组织里，肉眼难于看清。

菠菜叶点病病叶

病原　*Phyllosticta chenopodii* Sacc.，称藜叶点霉，属真菌界子囊菌门叶点霉属。分生孢子器球形，直径约50μm；分生孢子椭圆形至长圆形，单胞无色，大小5μm×3μm。

传播途径和发病条件 病菌以分生孢子器随病残体在土壤里越冬。翌春条件适宜时产出分生孢子，借风、雨进行初侵染和再侵染。天气温暖多雨或田间湿度大或偏施过施氮肥发病重。

防治方法 ①收获后及时清除病残体，集中烧毁或深埋。②合理密植，适量灌水，雨后及时排水。③发病初期喷洒70%丙森锌可湿性粉剂600倍液或50%甲基硫菌灵悬浮剂600倍液、70%代森联水分散粒剂600倍液。④种植菠杂9号、10号早熟一代杂种。

菠菜霜霉病

症状 该病广布菠菜种植区，主要为害叶片。病斑初呈淡绿色小点，边缘不明显，扩大后呈不规则形，大小不一，直径3～17mm，叶背病斑上产生灰白色霉层，后变灰紫色。病斑从植株下部向上扩展，干旱时病叶枯黄，湿度大时多腐烂，严重的整株叶片变黄枯死，有的菜株呈萎缩状，多为冬前系统侵染所致。

病原 *Peronospora farinosa* f. sp. *spinaciae*，称菠菜霜霉，属假菌界卵菌门霜霉属。孢囊梗从气孔伸出，大小250～450μm，无色，分枝与主轴成锐角，分枝3～6次。孢子囊卵形、无乳状突，卵孢子球形。该菌只为害菠菜。

传播途径和发病条件 病菌以菌丝在被害的寄主和种子上或以卵孢子在病残叶内越冬。翌春产出分生孢子，借气流、雨水、农具、昆虫及农事操作传播蔓延。孢子萌发产生芽管由寄主表皮或气孔侵入，后在病部产生孢子囊，进行再侵染。分生孢子形成适温7～15℃；萌发适温8～10℃，最高24℃，最低3℃。气温10℃、相对湿度85%的低温高湿条件下，或种植密度过大、积水及早播发病重。

菠菜霜霉病系统病株

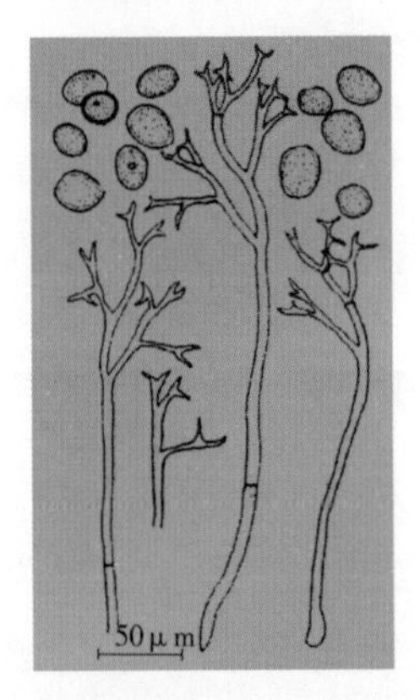

菠菜霜霉孢囊梗和孢子囊

防治方法 ①早春在菠菜田发现系统侵染的萎缩株，要及时拔除，携出田外烧毁。②重病区应实行2～3年轮作，加强栽培管理，做到密度适当、科学灌水，降低田间湿度。③发病初期喷洒60%唑醚·代森联水分散粒剂1500倍液、500g/L氟啶胺悬浮剂1800倍液或52.5%噁酮·霜脲氰水分散粒剂1500倍液、70%锰锌·乙铝可湿性粉剂500倍液、250g/L嘧菌酯悬浮剂1500倍液，隔7～10天1次，连续防治2～3次。

菠菜炭疽病

症状 主要为害叶片及茎。叶片染病，初生淡黄色污点，逐渐扩大成灰褐色，圆形至椭圆形病斑，具轮纹，中央有小黑点。采种株染病，主要发生于茎部，病斑梭形或纺锤形，其上密生黑色轮纹状排列的小粒点，即病菌分生孢子盘。

病原 *Colletotrichum dematium* (Pers.：Fr.)，称束状炭疽菌；*C. spinaciae* Ell. et Haslst.，称菠菜刺盘孢，均属真菌界子囊菌门无性型。

菠菜炭疽病

菠菜炭疽病病叶（郑建秋）

菠菜炭疽病菌束状炭疽菌分生孢子盘与分生孢子

传播途径和发病条件 以菌丝在病组织内或黏在种子上越冬，成为翌年初侵染源。春天条件适宜时产出分生孢子，借风雨传播，由伤口或穿透表皮直接侵入，经几天潜育又产生分生孢子盘和分生孢子进行再侵染。降雨多、地势低洼、栽植过密、植株生长不良发病重。

防治方法 ①种植菠杂9号、10号早熟一代杂种；从无病株上选种；播种前种子用52℃温水浸20min，后移入冷水中冷却，晾干播种。②与其他蔬菜实行3年以上轮作。③做到合理密植，避免大水漫灌；适时追肥，注意氮、磷、钾配合。④清洁田园、及时清除病残体，携出田外烧毁或深埋。⑤棚室可选用6.5%甲硫·霉威粉尘剂每667m^2 1次1kg喷粉。⑥露地于发病初期喷洒2.5%咯菌腈悬浮剂1000倍液或250g/L嘧菌酯悬浮剂1200倍液、30%戊唑·多菌灵悬浮剂700倍液、25%咪鲜胺乳油1000倍液、250g/L吡唑醚菌酯乳油1500倍液，隔7～10天1次，连续防治3～4次。

菠菜匍柄霉叶斑病

症状　病斑生在叶两面，圆形，大小2～5mm。叶面病斑初呈黄绿色，后期中央灰白色，边缘围以浅褐色细线圈，具浅黄绿色晕，叶背颜色浅。

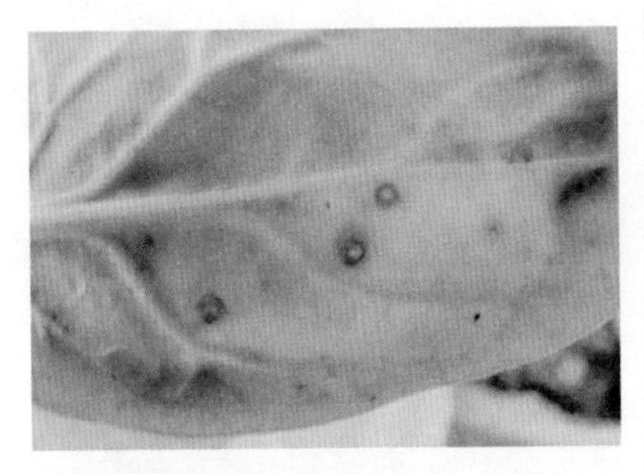

菠菜匍柄霉叶斑病病叶面症状

病原　*Stemphylium spinaciae* B. J. Li，Y. F. Zhou & Y. L. Guo 称菠菜匍柄霉，属真菌界无性态子囊菌匍柄霉属。分生孢子梗单生或2～5根簇生，青黄褐色至褐色，0～6个隔膜，多数1～3个，层出梗1～2个，不分枝，大小（22～125）μm×（3.5～5）μm，大多长30～50μm，宽度不规则，产孢细胞宽度5～10μm。分生孢子矩圆形，褐色至暗褐色，单生，表面光滑，两端钝圆，具1～3个横隔膜，1～3个纵斜隔膜，在中部隔膜处缢缩，茎部脐加厚，大小（20～30）μm×（15～22）μm。

传播途径和发病条件、防治方法　参见落葵匍柄霉叶斑病。

菠菜丝囊霉黑根病

症状　播种后7天左右，叶片上出现黄变症状，植株停止生长，下叶明显黄化；扒开根部可见主根、侧根已褐变，严重的已变黑。

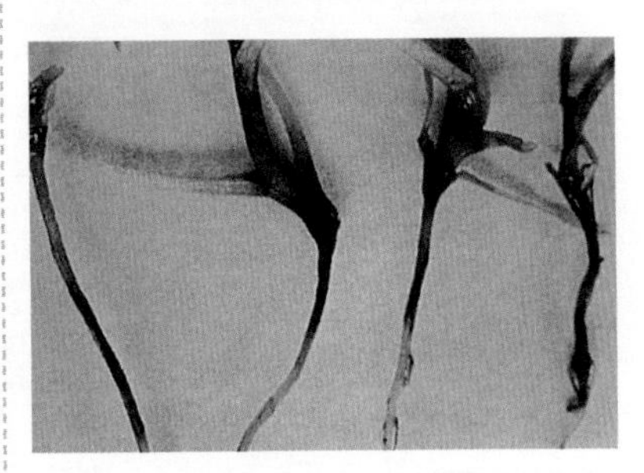

菠菜丝囊霉黑根病病株

病原　*Aphanomyces cochlioides* Drechsler，称甜菜猝倒丝囊霉或螺壳状丝囊霉，属假菌界卵菌门丝囊霉属。

传播途径和发病条件　该菌是土壤习居菌，侵入菠菜根组织后迅速繁殖释放出游动孢子，借雨水或灌溉水进行再侵染。根组织内产生的卵孢子，随植株病残体留在土壤中，成为下茬菠菜等寄主的侵染源。地势低洼积水或湿度大、气温低于20℃易发病。

防治方法 ①选择高燥或平坦地块栽植菠菜，注意平整土地，下水头不宜积水。②与甜菜、莙荙菜、根甜菜等要进行轮作，不宜连作。③大暴雨后及时排水，防止田间积水时间过长。④发病初期喷淋15%噁霉灵水剂400倍液或60%唑醚·代森联水分散粒剂1500倍液、72%霜脲·锰锌可湿性粉剂600倍液、30%苯醚甲环唑·丙环唑乳油2000倍液。

菠菜病毒病

症状 病株呈花叶状或心叶萎缩，老叶提早枯死脱落或植株卷缩成球状。田间症状常因毒源不同而异。黄瓜花叶病毒侵染，表现为叶形细小、畸形或缩节丛生。芜菁花叶病毒侵染，叶片形成浓淡相间斑驳，叶缘上卷。甜菜花叶病毒侵染，表现明脉和新叶变黄，或产生斑驳，叶缘向下卷曲。

病原 黄瓜花叶病毒（CMV）、芜菁花叶病毒（TuMV）或甜菜花叶病毒（BtMV）单独或复合侵染。甜菜花叶病毒属马铃薯Y病毒科马铃薯Y病毒属，粒体线条状，大小730nm×12nm，产生颗粒状核内含体。稀释限点1000倍，体外存活期24～48h，致死温度55～60℃。主要由桃蚜和豆蚜或汁液接触传病。

菠菜病毒病病株

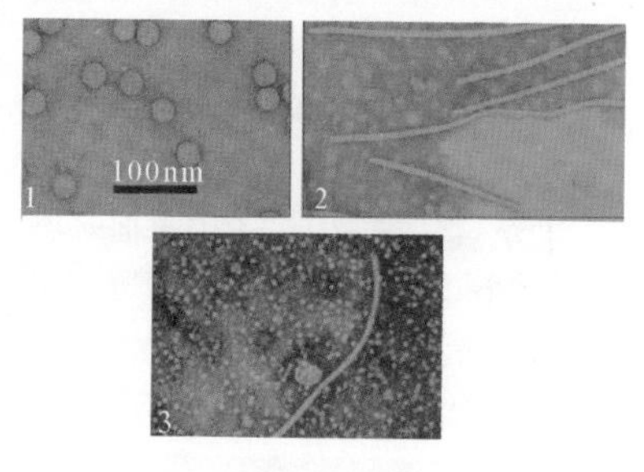

菠菜病毒病

1—黄瓜花叶病毒；2—芜菁花叶病毒；3—甜菜花叶病毒

传播途径和发病条件 病毒在菠菜及菜田杂草上越冬。由桃蚜、萝卜蚜、豆蚜、棉蚜等进行传播蔓延。在田间，黄瓜花叶病毒和芜菁花叶病毒往往混合发生为害，形成相应的症状。春旱或秋旱年份，根茬或风障菠菜及早播地、窝风处或靠近萝卜、黄瓜发病重。

防治方法 ①田间铺、挂银灰膜条避蚜。②及时清洁田园，铲除田间杂草，彻底拔除病株。③选择通风良好，远离萝卜、黄瓜的地块种植。做到适时播种，避免过早。遇有春旱或秋旱要多浇水，可减少发病。④施足有机活性肥或腐熟有机肥，增施磷、钾肥，增强寄主抗病力。⑤提倡采用防虫网，防治传毒蚜虫，特别是入冬前尤为必要。⑥发病初期喷洒病毒病纯化剂绿地康（抗病毒型）100倍液或30%盐酸吗啉胍可溶性粉剂900倍液或2%宁南霉素水剂500倍液或0.5%香菇多糖水剂300倍液，隔10天1次，连续防治2～3次。

菠菜根结线虫病

症状 植株生育初期，幼根因被根结线虫的2龄幼虫钻入根部组织细胞，致根部形成肿瘤，影响水分及养分的吸收。地上部呈现黄化症状，1个月后2龄幼虫发育成成虫，条件适宜时成虫产下的卵很快孵化成幼虫游移在土中。有些埋藏在组织中的卵孵化后，幼虫就地在组织里成长，由于根结线虫的刺食，钻来钻去造成很多伤口致组织坏死，植株生育不良或全株死亡。

病原 *Meloidogyne incognita*（Kofoid et White）Chitwood，称南方根结线虫，属动物界线虫门。病原线虫雌雄异形，幼虫呈细长蠕虫状。雄成虫线状，尾端稍圆，无色透明，大小（1.0～1.5）mm×（0.03～0.04）mm。雌成虫梨形，每头雌线虫可产卵300～800粒，雌虫多埋藏于寄主组织内。

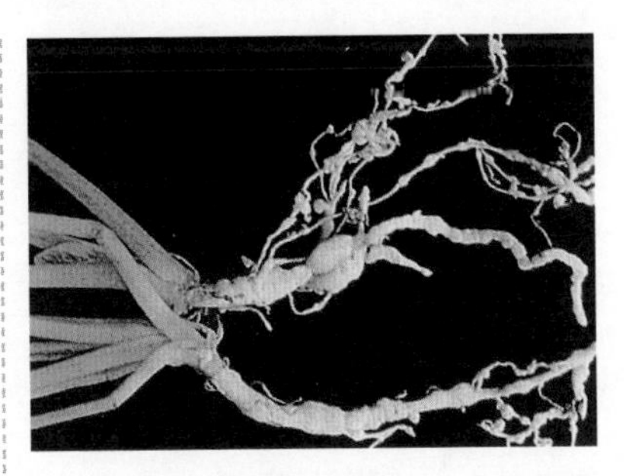

菠菜根结线虫病

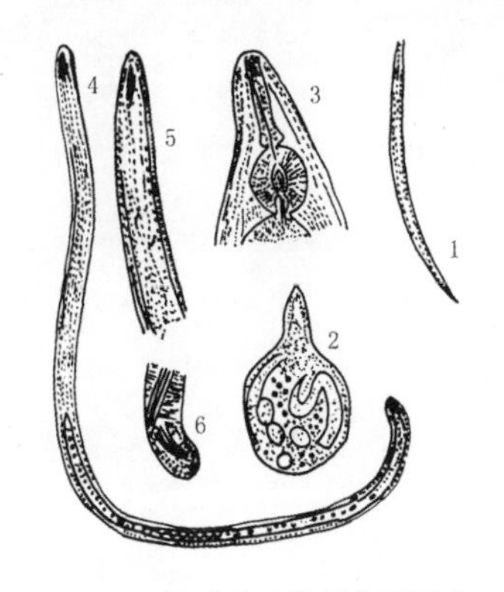

南方根结线虫（陈利锋原图）
1—2龄幼虫；2—雌成虫；3—雌虫前端；4—雄虫；5—雄虫头部；6—雄虫尾部

传播途径和发病条件 菠菜根结线虫以2龄幼虫和卵随病残体在土壤中越冬。翌年气温升高后，越冬卵孵化为幼虫，继续发育并侵入寄主，刺激寄主根部细胞增生形成根结。幼虫发育到4龄后交尾产卵，雄虫离开根结进入土中很快死亡，留在根结里的卵孵化出幼虫，进入2龄后，又入土进行再侵染或越冬。土温25～30℃、持水量40%发育快，连作地发病重。

防治方法 ①培育无虫苗。

②进行轮作倒茬。③播种或定植前利用夏季大棚休闲期选晴天把土壤深翻30cm，每667m²撒氰氨化钙50～100kg，再覆盖4～5cm长的麦秸1000kg后浇大水闭棚15～20天进行高温闷棚，温度达60℃可杀灭根结线虫。④药剂处理土壤，播种前15天每667m²用10%噻唑膦颗粒剂或0.5%阿维菌素颗粒剂2kg，加细土40kg混匀后撒在地面，深翻25cm，可达控制效果。应急时也可在发病初期用0.8%阿维菌素微胶囊剂悬浮剂0.96g/667m²灌根。持效期14天左右。

二、番杏病害

番杏 学名 *Tetragonia tetragonioides* (Pall.) Kuntze，别名夏菠菜。是番杏科番杏属中以肥厚多汁嫩茎叶为产品的一年生半蔓性草本植物，原产澳大利亚、东南亚、智利一带，主要栽培在我国的热带和温带。我国南京于1946年引种成功，现已作为名优蔬菜在一些地区种植。

番杏尾孢白点病

又称白点病。各地均有发生，是番杏生长后期为害较重的病害。

症状 主要为害叶片。后期老叶上产生圆形病斑，中央白色或灰白色，边缘深褐色，有时病斑四周退绿发黄，直径1～3mm。严重时，叶片上布满病斑，致叶片变黄干枯后枯死。

病原 *Cercospora tetragoniae* (Speg.) Siemaszko，称番杏尾孢，属真菌界子囊菌门尾孢属。

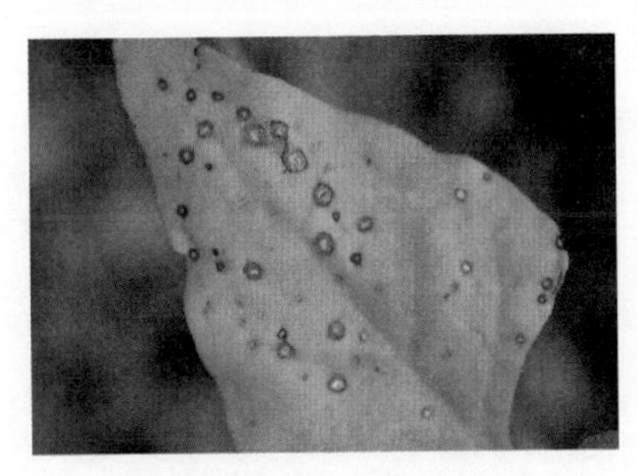

番杏尾孢白点病典型症状

传播途径和发病条件 病菌以菌丝块或分生孢子在病残体上越冬。翌年春天，条件适宜时产生分生孢子，借雨水溅射进行传播。分生孢子萌发后产生芽管，从气孔或直接穿透寄主表皮侵入，经7天左右潜育出现病斑，发病后病部又产生分生孢子进行多次再侵染。该病喜高温高湿条件。病菌发育适温为25～28℃，分生孢子萌发适温24～25℃，适宜相对湿度为90%以上。棚室内湿度高、叶面有水滴病害扩展迅速。

防治方法 ①采用高畦栽培，不可过密，施足有机肥，并注意氮、磷、钾配合，避免施氮过多，注意增施磷钾肥。②棚室栽培的要注意放风散湿，防止高温持续时间长，提倡小水勤浇，雨后及时排水，适时早间苗、早定苗，及时采收，注意铲除田间杂草。③发现病叶及时摘除，携出田外深埋或烧毁。④发病初期喷洒40%多菌灵悬浮剂600倍液或77%氢氧化铜可湿性粉剂600倍液、10%苯醚甲环唑微乳剂900倍液。

番杏灰霉病

症状 主要为害叶片、叶柄、茎蔓等部位。叶片染病，多始于叶尖或叶缘，病部初呈水渍状黄褐色至暗褐色，病叶表面产生灰褐色霉层，即灰霉菌分生孢子梗和分生孢子。叶柄、茎蔓染病，产生与叶片类似的症状。

番杏灰霉病

病原 *Botrytis cinerea* Pers.：Fr.，称灰葡萄孢，属真菌界子囊菌门葡萄孢核盘菌属。

传播途径和发病条件、防治方法参见莴苣、结球莴苣灰霉病。

番杏褐腐病

番杏褐腐病是保护地或露地番杏生产上常发生且又普遍的重要病害，常造成幼株或成株成片腐烂。

症状 幼苗染病，常引起幼苗立枯而死。成株染病，常从植株下部的茎叶开始出现水渍状腐烂，严重时呈暗绿色或灰褐色腐烂，湿度大时，病部生有白霉，即病原菌的菌丝体。

病原 *Rhizoctonia solani* Kühn，称立枯丝核菌，属真菌界担子菌门无性型丝核菌属。

传播途径和发病条件 该菌主要以菌丝或菌核在病株上或随病残体在土壤中越冬和存活。只要有适宜发病的条件，气温25～30℃，湿度高，菌核需有98%以上高湿条件持续一定时间才能萌发，遇有抗病力弱的寄主很易侵染而发病。生产上土温过高或过低，土质黏重，有利该病发生。

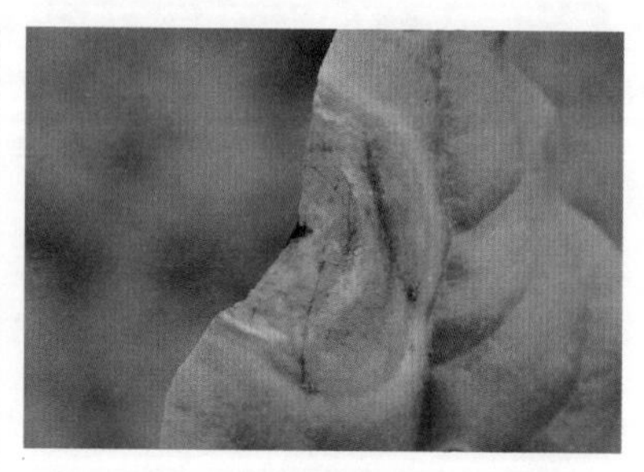

番杏褐腐病

防治方法 ①用无病土育苗，不可过密，覆土厚度不可过厚。②苗床土壤消毒，每667m^2用70%噁霉灵可湿性粉剂1.5～2kg或95%噁霉灵粉剂0.8～1.2kg拌堰土20～40kg，取2/3拌好的堰土撒在苗床上，1/3盖在种子上，防效优异。③用种子重量0.3%的50%异菌脲可湿性粉剂拌种。④发病初期喷洒50%福·异菌可湿性粉剂800倍液或30%苯醚甲环唑·丙环唑乳油2000倍液，隔10天再防治1次。

番杏链格孢叶斑病

症状 主要为害叶片。初在老叶上产生褐色小斑点，后逐渐扩展成3～5mm近圆形至不规则形黑褐色斑，湿度高时病斑上产生灰黑色霉丛，严重时病斑融合成较大斑块，致叶片干枯。

病原 *Alternaria* sp.，称一种链格孢，属真菌界子囊菌门链格孢属。

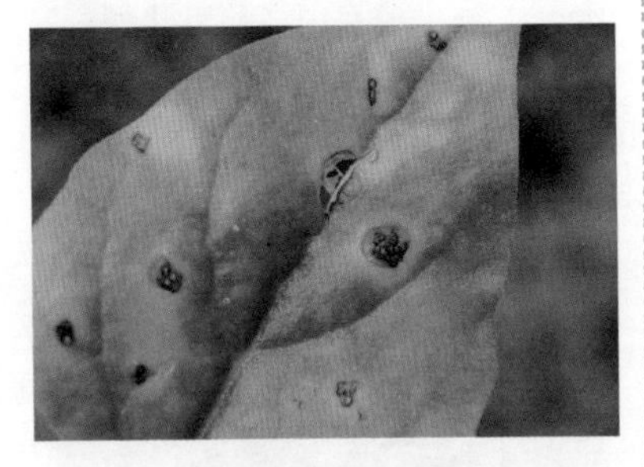

番杏链格孢叶斑病

传播途径和发病条件 病菌以菌丝体和分生孢子在病株上或随病残体在土壤中或种子上越冬。翌年出苗后，越冬的病菌在适宜条件下即可侵染番杏，此后病部又产生分生孢子，只要温湿度条件适宜，分生孢子借风雨进行传播，落到番杏叶片上后产生芽管，从气孔或穿透表皮直接侵入，经几天潜育，就会产生新病斑，在整个生长季节，再侵染可进行多次，致该病不断扩大。发病适温为20～25℃，相对湿度80%以上。

防治方法 ①棚室栽培番杏前，要用百菌清烟雾剂消毒，杀死棚中的链格孢真菌，可减少初始菌源。②使用无病种子，用种子重量0.3%的75%百菌清或50%异菌脲可湿性粉剂拌种。③合理施肥，增施磷钾肥，增强抗病力。④适时适量浇水、放风，把棚室的相对湿度控制在80%以下，可减少发病。⑤发病前喷洒25%嘧菌酯悬浮剂1000倍液或50%咯菌腈可湿性粉剂5000倍液或64%百菌清·锰锌可湿性粉剂700倍液。保护地也可用10%百菌清烟剂熏烟，每667m^2用药250g。

番杏炭疽病

症状 主要为害叶片。叶尖、叶缘发病时，产生半圆形至楔形病斑，从外向内扩展。叶面上产生浅褐色病斑，圆形至近圆形，边缘褐色，病斑上略现轮纹，潮湿时产生赭红色小液点，即病原菌的分生孢了盘和分生孢子。

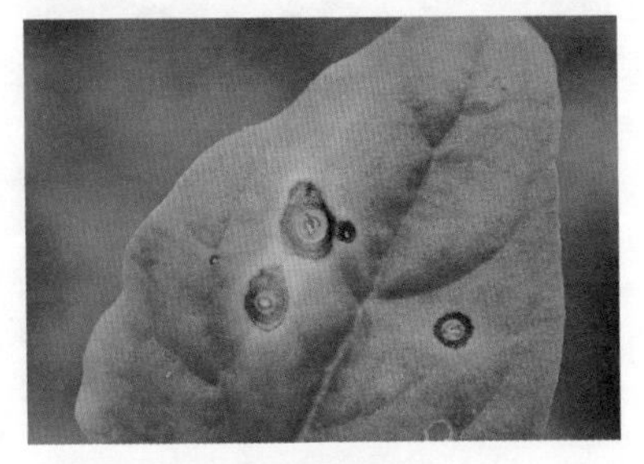

番杏炭疽病病叶

病原 *Colletotrichum* sp.，称一种刺盘孢，属真菌界子囊菌门无性型炭疽菌属。

传播途径和发病条件 病菌以菌丝体和分生孢子盘随病残体遗落在土壤中越冬或越夏。条件适宜时产生分生孢子，借风雨传播，从伤口侵入，进行初侵染和多次再侵染，温暖多湿的天气易发病。

防治方法 ①加强肥水管理，

适度浇水，使畦面干湿适度，采用配方施肥技术，适时追肥，增强抗病力。②发病初期喷洒250g/L嘧菌酯悬浮剂1000倍液、75%肟菌·戊唑醇水分散粒剂3000倍液或25%咪鲜胺乳油1000倍液，隔7～10天1次，连续防治2～3次。

番杏菌核病

症状 番杏菌核病能侵染番杏植株茎、叶等。初发病时产生水渍状软腐，且在病部产生白色菌丝，迅速向上下扩展，且在病部产生鼠粪状黑色菌核。

番杏菌核病

病原 *Sclerotinia sclerotiorum* (Lib.) de Bary，称核盘菌，属真菌界子囊菌门核盘菌属。

病害传播途径和发病条件、防治方法参见芹菜、西芹菌核病。

番杏枯萎病

症状 局部侵染，全株受害。发病株地上部呈缺水状萎蔫，检视根部变褐坏死，茎基部维管束变褐。湿度大时病茎上呈水渍状，并长出白色菌丝体，呈湿腐状。

病原 *Fusarium oxysporum* f. sp. *spinaciae* (Sherb.) Snyder et Hans.，称尖镰孢菌菠菜专化型，属真菌界子囊菌门无性型镰刀菌属。

番杏枯萎病病株萎蔫状

传播途径和发病条件 该病是土传维管束病害。病菌以菌丝体、厚垣孢子随病残体遗落在土壤中存活或越冬，也可随病残体在土杂肥内越冬，该菌在土壤中存活力可达数年。生产上随雨水、灌溉水及施用未腐熟土杂肥传播，病菌从根部及茎基部伤口侵入，经薄壁细胞进入维管束，产生有毒的镰刀菌素毒害番杏细胞，堵塞导管，破坏植株输导组织功能，造成全株萎蔫。一般土温高、土壤湿度大易发病，地下害虫或线虫造成伤口多或施用未腐熟肥料发病重。

防治方法 ①病区应实行轮作，最好与葱蒜类或禾本科进行3～4年轮作。②直播地播前应进行土壤消毒。③提倡采用营养钵育苗，营养土用30%噁霉灵水剂800倍液消毒。④发现病株及时拔除集中处理。病穴用上述药液喷淋灭菌。⑤发病重的地区或田块喷淋3%噁霉·甲霜水剂700倍液。

番杏茎枯病

症状、病原、传播途径、防治方法参见菠菜茎枯病。

番杏茎枯病病株

番杏病毒病

症状 系统侵染。病株叶片变小，产生明脉，老叶黄化，植株明显矮缩，叶片皱缩不展。

病原 *Beet yellows virus*（BYV），称甜菜黄化病毒，属长线形病毒科长线形病毒属。此外，香石竹斑驳病毒、建兰环斑病毒、番茄黑环斑病毒等均可侵染番杏。

传播途径和发病条件 主要靠桃蚜、蚕豆蚜等蚜虫传毒，广东秋冬播种的番杏定植成活后就出现典型病症。

番杏病毒病

防治方法 参见菠菜病毒病。

中国菟丝子为害番杏

症状 中国菟丝子以线形茎蔓缠绕番杏，在与番杏接触处产生吸盘，伸入到番杏体内吸收养分和水分，使番杏生长发育受抑制，造成植株瘦小，乃至枯死。

菟丝子为害番杏

病原 *Cuscuta chinensis* Lamb，称菟丝子，属寄生性种子植物。

传播途径和发病条件、防治方法参见菟丝子为害紫背天葵。

三、长寿菜病害

长寿菜 又称叶用甘薯，是旋花科甘薯属一年生草本植物，原产于南美洲的巴西、秘鲁等地。明朝万历年间，我国从菲律宾引入广东、福建等地种植，以食用薯块为主，近年来香港、广东、广西等地食用其嫩茎尖和嫩叶。因其营养丰富、保健功能强、味道鲜美，被香港誉为“蔬菜皇后”，在诸多蔬菜中售价最高。我国长寿县——广西巴马县将其作为蔬菜普遍食用，故名“长寿菜”。可凉拌、炒食，也可做馅或做汤。

长寿菜甘薯生链格孢叶斑病

症状 主要为害叶片，严重的也为害叶柄和茎。初在叶片上现水渍状形状不定的褐色至暗褐色病斑，后变成灰褐色，每个病斑中央均有灰白色小点，四周暗褐色至黑褐色，再外层色浅，病、健交界处暗褐色。条件适宜时病斑密布，相互融合成大斑，加快叶片黄化进程。叶柄和茎部染病，产生灰褐色或暗褐色椭圆形至纺锤形凹陷明显病斑，湿度大时病斑上现稀疏的灰黑色霉层，即病原菌子实体。

病原 *Alternaria bataticola* Ikataex W. Yamamoto，称番薯生链格孢，属真菌界子囊菌门链格孢属。

长寿菜甘薯链格孢叶斑病

传播途径和发病条件 病菌以菌丝体或分生孢子随病残体在土壤中越冬。翌年条件适宜时产生分生孢子借风雨传播，进行初侵染和多次再侵染。

防治方法 ①收获后及时清除残枝落叶，严防病残组织散落田间，以减少下季初侵染源。②加强田间管理，增施有机肥增强抗病力。③发病初期喷洒50%醚菌酯水分散粒剂1500倍液或50%咯菌腈可湿性粉剂5000倍液或50%异菌脲可湿性粉剂1000倍液。

长寿菜叶点霉叶斑病

症状 主要为害叶片。初在叶片上生水渍状浅褐色至红褐色小点，后扩展成灰黄色近圆形稍凹陷坏死斑，边缘黄褐色，后变成灰白色，后期病斑上散生黑色小粒点，即病原菌的分生孢子器。空气干燥时病斑破裂或穿孔，严重的病斑融合干枯。

长寿菜叶点霉叶斑病

病原 *Phyllosticta batatas* (Thümen) Cooke，称番薯叶点霉，属真菌界子囊菌门叶点霉属。

传播途径和发病条件 病菌以菌丝体和分生孢子器随病残体在土壤中越冬。条件适宜时产生分生孢子，借气流或雨水传播。南方或周年种植长寿菜、甘薯地区病菌辗转传播蔓延，分生孢子借风雨进行初侵染和再侵染。生长期雨日多易发病。

防治方法 ①收获后及时清除病残体，集中烧毁，以减少初始菌源。②加强管理，适时适量轻浇水，防止过湿，棚室要注意通风。③发病初期喷洒32.5%苯甲·嘧菌酯悬浮剂1500倍液或70%代森联水分散粒剂600倍液、70%丙森锌可湿性粉剂500～600倍液，隔10天1次，防治2次。

长寿菜缩叶病

症状 全生育期均可发病。幼株发病对生产影响大，主要发生在幼株上，初幼嫩叶片、叶柄、茎蔓上产生不定形的小斑点，后扩展成大小不一的坏死斑，黄褐色或红褐色，后期在病斑表面产生灰白色粉霉状物，即病原菌的分生孢子梗和分生孢子。发病严重的幼芽扭曲，嫩蔓黄萎，叶片卷曲。

长寿菜缩叶病

病原 *Streptomyces ipomoeae* (Person etmartin) Waksman et Henrici，称番薯链霉菌，属细菌界厚壁菌门。

传播途径和发病条件 病田内收获的薯块及残留在土壤中的病组织成为下季的主要初侵染源。在田间，病菌先侵染侧根，再侵染到肉质根。种薯调运是该病主要传播途径。土壤偏碱发病重。

防治方法 ①进行4～6年轮作。多施绿肥或生物有机肥，施入土壤添加剂SH有抑制发病的作用。②选用抗病品种。③严格控制病菌，防止传入未发病田，在pH值5～5.2病害受抑制，向土壤中施入硫化物可减少发病。

长寿菜细菌叶斑病

症状 初在叶面上现黄褐色小斑点，后很快扩展成不规则形黄褐色病斑，大小不一，病斑四周现黄绿色晕环。叶背面可见病斑，稍深绿色至暗褐色，病部薄，易破裂。严重的多个病斑融合成片，致叶片干枯。

长寿菜细菌叶斑病

病原 *Pseudomonas batatae* Cheng and Fean，称甘薯假单胞菌，属细菌界薄壁菌门。

传播途径和发病条件 病菌在土壤中或储藏窖内存活越冬，一般可存活 1～3 年。病薯、病苗、病土是该病远距离传播的主要途径，施用带有病残体的未腐熟有机肥也可传播该病。田间主要靠雨水及灌溉水传播，气温 27～32℃、相对湿度高于 80% 易发病。雨天多、湿气滞留发病重。

防治方法 ①实行水旱轮作，培育无病苗，施用腐熟有机肥，发现病株及时拔除。②发病初期喷洒 20% 叶枯唑可湿性粉剂 600 倍液或 77% 氢氧化铜可湿性粉剂 600 倍液。

长寿菜病毒病

症状 叶片上卷或扭曲，植株矮化，叶片上有花叶或浅绿色斑驳，有的在叶片上现褐色坏死斑点，严重的病株坏死，病株率 10% 以上，生产上应注意。

病原 Sweet potato mild mottle virus（SPMMV），称甘薯轻型斑驳病毒，属马铃薯 Y 病毒科甘薯病毒属。

长寿菜病毒病

传播途径和发病条件 生产上此病增多，持续干旱时有利于该病发生。

防治方法 ①及早防治烟粉虱。②发病初期喷洒 20% 吗胍・乙酸铜可溶性粉剂 500 倍液。

四、芹菜、西芹病害

芹菜 学名*Apium graveolens* L.，又称芹、旱芹、药芹菜等，是伞形科芹属中形成肥嫩叶柄的二年生草本植物。分为中国芹菜和西芹两种类型。

西芹 学名 *Apium graveolens* var. *dulce* DC.。西芹是西洋芹菜的简称，其特点是质地脆嫩、纤维少，味清香微甜，叶柄肥厚，单株重量大，产量高。缺点是不及中国芹菜耐热。除菜用外，还可制成“芹菜奶”，吸引了不少市民、儿童。

芹菜、西芹猝倒病

症状 幼苗出土后、真叶未展开时较易发病，或播种后 12 ～ 16 天幼苗未出土，浅扒开苗床土后，仅发现胚根和腐烂死亡的子叶。幼苗发病初期，茎基部呈水浸状病斑，以后病部变黄褐色，并逐渐缢缩变为细线状，幼苗地上部分由于失去支撑而倒伏死亡，病叶一般仍保持绿色不萎蔫。苗床中部低洼处易发病，并呈现局部成片死苗现象。发病的主要原因是苗床湿度大，并处在 10℃以下的低温下；或播种过密，未间苗或间苗不及时，通风不良。

病原 *Pythium aphanidermatum*（Edson）Fitzp.，称瓜果腐霉菌，属假菌界卵菌门腐霉属。

芹菜猝倒病病株

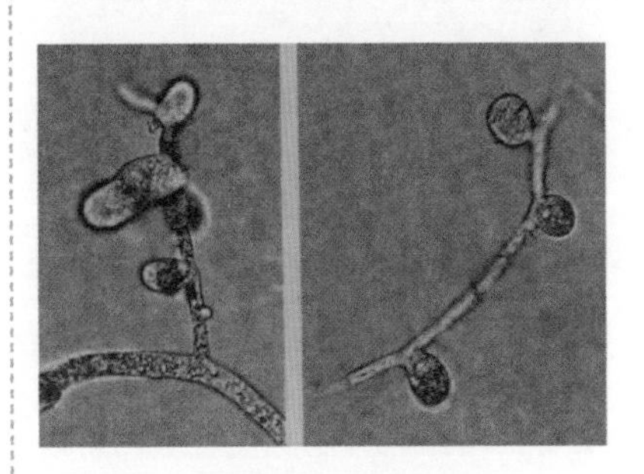

瓜果腐霉菌的孢子囊

传播途径和发病条件 主要以厚垣孢子随病残体在土中越冬。该菌也可在土壤有机质中营腐生生活，一般可存活 2 ～ 3 年。厚垣孢子萌发后产生菌丝，靠接触直接侵入，借雨水、灌溉水、农具及带菌肥料传播蔓延。发育适温 20 ～ 40℃，最低 14 ～ 15℃，最高 40 ～ 42℃。芹菜地渍水或湿度大，通透性差，或播种过深、土壤过湿，或施用未充分腐熟有机肥，易发病；苗期低温，高湿持续时间长或雨天多，中性和微酸性土壤，发病重。

防治方法 ①选用抗性较好的品种，如凡尔赛、自由女神、华盛顿、Fs西芹。②适期播种。甘肃3月中下旬播种育苗。苗床选在背风向阳处，播前用45～50℃温水浸种10～15min，再用20～30℃温水浸种4～6h，再用清水淘洗种包2～3次，沥干，晾晒24h，15～20℃保湿催芽，待60%种子露白后播种。5月下旬至6月上旬定植。③土壤消毒。播种前每10m^{2}的畦用15%噁霉灵水剂80～120ml配成溶液喷洒到土壤中，或加30～40kg细土拌匀后撒入畦内，然后将畦内土药混匀。药土护苗：每平方米用15%噁霉灵水剂8～12ml与过筛的细土或细沙5～8kg混合，播种时将1/3的药土铺在苗床表面，其余2/3的药土作种子的盖土。叶面喷雾：喷洒70%噁霉灵可湿性粉剂1800倍液或70%代森联水分散粒剂500～600倍液或30%醚菌酯可湿性粉剂1200～1500倍液、2.5%咯菌腈悬浮剂1000倍液。

芹菜、西芹沤根

症状 幼苗生长很是缓慢，根上主根、须根都不发新根，根外皮呈锈褐色缓慢腐烂，茎叶生长受抑，病株白天打蔫，持续较长时间后干枯而死，病苗根易拔出。

病因 主要原因是地温长期在10℃以下和土壤湿度大。早春苗期遇雨雪天气多、苗床温度长期上不来，湿度大；定植后阴雨天多，气温持续偏低浇水量大，或地势低洼，土壤板结。苗期低温高湿、弱光是造成沤根的主要原因。

芹菜沤根症状

防治方法 ①防治苗期沤根。前期做好保温，防止冷风和低温侵袭，管理上草苫要晚揭早盖，出齐苗以后及时通风换气，以降低苗床湿度，促芹菜苗生长健壮，并进行炼苗，提高对低温适应能力。若苗床湿度大可撒草木灰降湿，遇有冰冻雨雪天气，覆盖要加厚，必要时加盖薄膜防雨，尽量改善见光排湿条件。②出现沤根后设法降湿提温，尤其是地温。雨水多的地区提倡实行深沟高畦种植，不仅有利于大雨过后的排水，还可增强土壤透气性。③下茬播种前把土壤暴晒，并深翻晒透的土壤。④芹菜生长期出现沤根，浇小水。把浇水时间安排在上午9时，结合中耕松土，提高透气性。也可用好力扑水溶肥平衡型配成1000倍液或甲壳素1000倍液浇施。

芹菜、西芹尾孢叶斑病

症状 芹菜叶斑病又称早疫病，主要为害叶片。病叶上初呈黄绿色水渍状斑，后发展为圆形或不规则形，直径4～10mm。病斑灰褐色，边缘色稍深不明晰，严重时病斑扩大汇合成斑块，终致叶片枯死。茎或叶柄上的病斑椭圆形，3～7mm，灰褐色，稍凹陷。发病严重的全株倒伏。高湿时，上述各病部均长出灰白色霉层，即病菌分生孢子梗和分生孢子。

病原 *Cercospora apii* Fres.，称芹菜尾孢，属真菌界子囊菌门无性型尾孢属。

芹菜尾孢叶斑病

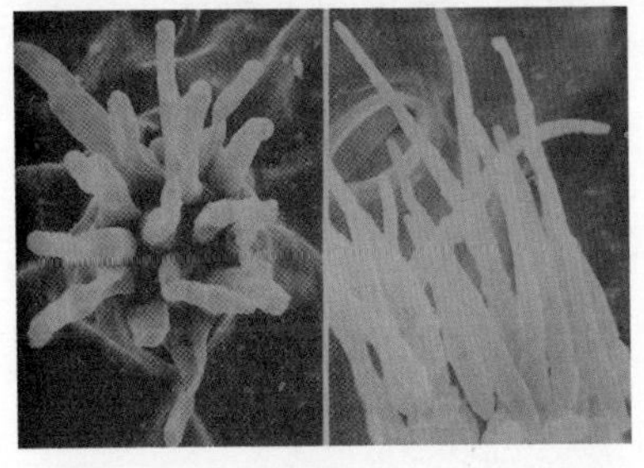

西芹尾孢叶斑病菌分生孢子梗和分生孢子

传播途径和发病条件 病菌以菌丝体附着在种子或病残体上及病株上越冬。春季条件适宜时产出分生孢子，通过雨水飞溅、风及农具或农事操作传播，从气孔或表皮直接侵入。发育适温25～30℃。分生孢子形成适温15～20℃，萌发适温28℃。高温多雨或高温干旱、夜间结露重、持续时间长易发病。尤其缺水、缺肥、灌水过多或植株生长不良发病重。

防治方法 ①选用耐病品种。如津南实芹1号。②从无病株上采种，必要时用48℃温水浸种30min。③实行2年以上轮作。④合理密植，科学灌溉，防止田间湿度过高。⑤发病初期喷洒70%丙森锌可湿性粉剂500倍液或20%戊唑·多菌灵悬浮剂600～800倍液、21%硅唑·多菌灵悬浮剂800倍液、66%二氰蒽醌水分散粒剂1800倍液。⑥保护地条件下，可选用5%百菌清粉尘剂，每667m^{2}每次1kg。或施用45%百菌清烟剂，每667m^{2}每次200g，隔9天1次，连续或交替施用2～3次。

芹菜、西芹壳针孢叶斑病

症状 又称芹菜斑枯病。芹菜叶、叶柄、茎均可染病。一种是老叶先发病，后传染到新叶上。我国芹菜斑枯病主要有大斑型和小斑型两种。华南地区主要是大斑型，东北、华北地区则以小斑型为主。前者初发病时病斑初呈浅褐色油渍状小斑，后逐渐扩展，中央开始坏死，后期扩展到3～10mm，多散生，边缘明显，外缘深褐色，中央褐色，散生黑色小粒点，即病原菌分生孢子器。小斑型，直径 0.5 ～ 2mm，很少超过 3mm，常多个病斑融合，边缘明显，红褐色至黄褐色，内部黄白色至灰白色，病斑四周常现黄色晕，边缘处常聚生很多黑色小粒点。叶柄和茎染病，均为长圆形稍凹陷病斑，边缘明显，褐色，内部色浅，斑上密生明显的黑色粒点。目前，该病已成为冬春保护地及采种芹菜的重要病害，对产量和质量影响很大。

病原 *Septoria apiicola* Speg.，称芹菜生壳针孢；*Septoria apiigraveolentis* Dor.，称芹菜大壳针孢，均属真菌界子囊菌门壳针孢属无性型。芹菜生壳针孢，中国真菌志记述，分生孢子器在叶两面或茎上，初埋生，后突破表皮，孔口外露，球形或扁球形，直径 70 ～ 100μm，高 60 ～ 150μm，器壁膜质，褐色，由数层细胞组成，壁厚 5 ～ 8μm，内壁无色，形成产孢细胞，上生分生孢子；器的孔口圆形居中。产孢细胞分枝明显，梨形或葫芦形或倒棍棒状，单胞无色，大小（5 ～ 10）μm×（2.5 ～ 5）μm；分生孢子针形，基部钝圆，顶端尖，无色，直或略弯，1 ～ 6 个隔膜，多为 3 ～ 4 个，大小（25 ～ 55）μm×（1.5 ～ 2.5）μm。李宝聚等 2011 年诊病手记为，分生孢子器散生或聚生，球形或扁球形，器壁膜质、褐色，60.0 ～ 72.0μm；孔口圆形，孢壁加厚，暗褐色，居中；分生孢子针形，基部钝圆，顶端尖，

芹菜生壳针孢引起的小病斑

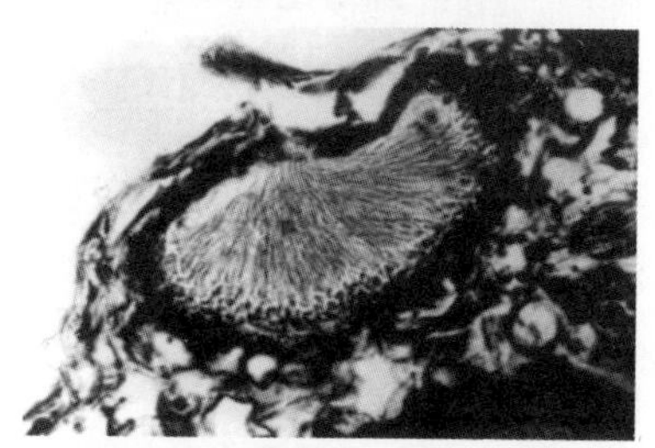

芹菜生壳针孢分生孢子器及器中的分生孢子

芹菜大壳针孢斑枯病病叶上的大斑

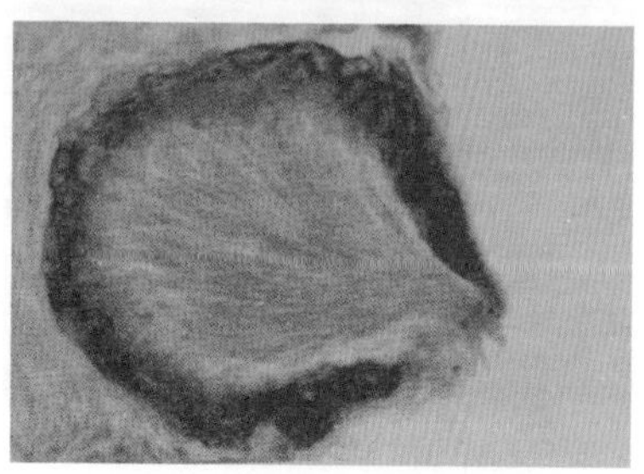

芹菜大壳针孢分生孢子器剖面（林晓民）

无色，直或微弯，1～5个隔膜，多数3～4隔膜，大小（15.6～24.0）μm×（1.3～2.0）μm。芹菜大壳针孢，据中国菌物林晓民记载，分生孢子器球形、扁球形，埋生，褐色，壁薄，孔口圆形，大小（17～61）μm×（73～147）μm；分生孢子丝状，大小（17～61）μm×（1.5～3）μm，无色，微弯曲，顶端较钝，0～7个隔膜。为害芹菜叶片，引起斑枯病，广泛分布在各地。

传播途径和发病条件 主要以菌丝体在种皮内或病残体上越冬，且存活1年以上。播种带菌种子，出苗后即染病，产生分生孢子，在育苗畦内传播蔓延。在病残体上越冬的病原菌，遇适宜温、湿度条件，产生分生孢子器和分生孢子，借风或雨水飞溅将孢子传到芹菜上。孢子萌发产生芽管，经气孔或穿透表皮侵入，经8天潜育，病部又产生分生孢子进行再侵染。

该病在冷凉和高湿条件下易发生，气温20～25℃，湿度大时发病重。此外，连阴雨或白天干燥，夜间有雾或露水及温度过高或过低，植株抵抗力弱时发病重。

防治方法 ①选用抗病品种。如津南冬片、定州实心芹、冬芹、夏芹、津芹、天马、上海大芹、文图拉、美国玻璃脆、西芹3号、春丰等。津南冬芹由津南实芹和美国西芹杂交育成，是目前我国冬季保护地最佳品种，并可适应春秋露地栽培。其斑枯病较美国西芹、意大利冬芹、我国河南玻璃翠轻，抽薹晚15～25天。选用无病种子，从无病株上采种或采用存放2年的陈种。或对带病种子进行消毒，如采用新种，要进行温汤浸种，即48～49℃温水浸30min，边浸边搅拌，后移入冷水中冷却，晾干后播种。②加强田间管理，施足腐熟有机肥或生物有机复合肥，看苗追肥，增强植株抗病力。③保护地栽培要注意降温排湿，白天控温15～20℃，高于20℃要及时放风，夜间控制在10～15℃，缩小日夜温差，减少结露，切忌大水漫灌。④保护地芹菜苗高3cm后有可能发病时，施用45%百菌清烟剂熏烟，每667m^{2}每次用200～250g，或喷撒5%百菌清粉尘剂，每667m^{2}每次用1kg；也可喷洒0.5%氨基寡糖水剂500倍液、66%二氰蒽酯水分散粒剂1500～2000倍液。露地可选喷500g/L氟啶胺悬浮剂1500～2000倍液或75%百菌清可湿性粉剂600倍液、10%己唑醇乳油2500倍液、40%氟硅唑乳油5000倍液、50%氯溴异氰尿酸可溶性粉剂1200倍液、30%苯醚甲环唑·丙环唑乳油2000倍液、32%苯甲·嘧菌酯悬浮剂1500倍液，隔7～10天1次，连续防治2～3次。

芹菜、西芹白粉病

症状 主要为害叶、茎或叶柄。初在叶上现白色小粉斑，后铺满叶面，即病原菌分生孢子梗和分生孢子。

西芹白粉病

病原 *Erysiphe umbelliferarum* de Bary，称伞形科白粉菌，属真菌界子囊菌门白粉菌属。

传播途径和发病条件 发病初期喷洒20%唑菌酯悬浮剂1000倍液。

芹菜、西芹锈病

症状 夏孢子堆生于叶下面，散生或较疏群生，圆形，直径0.2～0.5mm，裸露，栗褐色，粉状。冬孢子堆似夏孢子堆，黑褐色。

西芹锈病病叶上的夏孢子堆

病原 *Puccinia angelicicola* Hennings，称当归生柄锈菌，异名为*Puccinia apii* Desmazieres，称芹柄锈菌，而该菌实为当归生柄锈菌，属真菌界担子菌门柄锈菌属。夏孢子近球形，倒卵形至椭圆形，大小（22～33）μm×（18～25）μm，壁厚1.5～2.5μm，具刺，刺距2.5～3μm，淡黄褐色，芽孔2～3个，腰生，有时不清楚。冬孢子短圆形至椭圆形，大小（25～40）μm×（18～28）μm，两端圆或基部略狭，隔膜处略缢缩，壁厚1.5～2μm，栗褐色，表面密布明显的网状突起，上细胞芽孔顶生，下细胞芽孔生在中部或近基生，柄无色，短，稀达40μm。

传播途径和发病条件、防治方法 参见莴苣、结球莴苣锈病。

芹菜、西芹巴恩斯链格孢叶斑病

症状 主要为害叶片。叶斑近圆形、黄褐色，直径约2mm，子实体主要生在叶面。病斑中部有稀疏黑灰色霉，即病原菌的分生孢子梗和分生孢子。

芹菜巴恩斯链格孢叶斑病

病原 *Alternaria burnsii* Uppal，称巴恩斯链格孢，属真菌界子囊菌门无性型链格孢属。

传播途径和发病条件 病原菌以菌丝体随病残体越冬。条件适宜时产生分生孢子，通过气流和雨水溅射传播，进行初侵染，发病后病斑上又产生分生孢子进行再侵染。芹菜生长期间多雨高湿易发病。

防治方法 参见芹菜、西芹链格孢叶枯病。

芹菜、西芹链格孢叶枯病

症状 芹菜、西芹整个生育期均可发病。叶片染病，多从叶尖或叶缘开始侵染，病部初为水渍状暗绿色，后变褐坏死干枯，继续向里发展，天气干燥时，病部呈深褐色干枯，造成叶片卷曲，湿度大时由叶缘向里扩展，逐渐变为暗褐色，有时病部长出黑色霉层。

病原 *Alternaria* sp.，称一种链格孢，属真菌界子囊菌门链格孢属。

西芹链格孢叶枯病

传播途径和发病条件 该菌喜高温、高湿的气候条件。病菌在13～38℃间均可发育，最适温度为26～30℃。秋季高温、伴随多雨的条件，病害易于发生。一般每年的病害发生期受温度影响为主，而发病程度则受适期降雨量及次数的影响。此外，播种早，高温多雨发病重。种植过密、地势低洼、易于积水、通风不良、长势衰弱、管理不善的地块，往往发病严重。

防治方法 ①采收后及时清洁田园，深翻土壤，把病残体翻入深处。②采用芹菜、西芹配方施肥技术，增强抗病力。③用种子重量0.3%的50%异菌脲可湿性粉剂拌种。④发病初期喷洒250g/L嘧菌酯悬浮剂1000倍液、50%异菌脲可湿性粉剂1000倍液、50%咯菌腈可湿性粉剂5000倍液，连续防治2～3次。

芹菜、西芹菌核病

症状 为害芹菜靠近地面的叶柄基部和根颈部。受害部初呈褐色水浸状，湿度大时出现软腐，表面生出白色菌丝，后形成鼠粪状黑色菌核。

芹菜菌核病茎基生白色棉絮状菌丝和菌核

芹菜菌核病的菌核在土中萌发长出子囊盘

芹菜菌核长出子囊盘弹射烟雾状
大量子囊孢子

病原 *Sclerotinia sclerotiorum* (Lib.) de Bary，称核盘菌，属真菌界子囊菌门核盘菌属。

传播途径和发病条件 以菌核在土壤中或混在种子中越冬，成为翌年初侵染源。子囊孢子从子囊盘上弹射扩散或借风雨传播，侵染老叶或花瓣。田间再侵染多通过菌丝进行。菌丝的侵染和蔓延有两个途径：一是脱落的带病组织与叶片、茎接触菌丝蔓延其上；二是病叶与健叶、茎秆直接接触，病叶上的菌丝直接蔓延使其发病。菌核萌发温度限5～20℃，15℃最适。相对湿度85%以上，利于该病发生和流行。

防治方法 ①实行3年轮作。②从无病株上选留种子或播前用10%盐水选种，除去菌核后再用清水冲洗干净，晾干播种。③收获后及时深翻或灌水浸泡或闭棚7～10天，利用高温杀灭表层菌核。④采用地膜覆盖，阻挡子囊盘出土，减轻发病。⑤采用生态防治法避免发病条件出现。⑥发病初期，浇水前1天喷洒50%啶酰菌胺水分散粒剂1500倍液或40%菌核净可湿性粉剂600倍液、50%嘧菌环胺水分散粒剂1000倍液。⑦棚室采用10%腐霉利烟剂或10%氟吗·锰锌粉尘剂。

芹菜、西芹黄化病

症状 又称枯萎病、萎蔫病。幼苗、成株均能感病，现已发现有3种类型。第一种类型是黄化型，幼苗阶段呈现黄化，病株生长趋于停滞。还有一种症状幼苗期发生倒伏，幼小植株萎蔫，以后即趋于死亡，叶部并不发生外表症状，但根系已严重染病。某些幼苗只是须根尖端被侵染。当光照很强时，幼株才出现黄化，叶片变为金黄色，尤其是脉间变黄，叶脉不变黄、叶片不卷曲。第二种类型是根腐型黄化，幼叶呈现卷曲，以后这种叶片变黄，特点是沿叶脉变黄，以后小叶脉也变黄，但叶组织绿色正常。拔出根部常变成肉桂色及微红肉桂色。第三种类型是病株矮小，叶片不变黄或卷曲，拔出根系、剖开茎和叶柄的导管都变为肉桂色或红肉桂色，别于第一、第二种类型。

病原 *Fusarium oxysporum* f. sp. *apii*（Nels.et Sherb.）Snyder& Hansen，称尖孢镰孢芹菜专化型，属真菌界子囊菌门无性型镰刀菌属。

西芹黄化病病株

传播途径和发病条件 病菌主要以厚垣孢子在土中越冬，能存活多年。条件适宜时萌发，长出芽管从细根侵入，致部分皮层腐烂，侵入后就在根、根颈、叶柄等维管束内存活，菌丝体抑制营养物质和水分向上运输。该病潜育期20天左右，地表干燥、地温上升快受害重，气温低于7.7℃、高于36℃发病轻，20～32℃易发病，28℃发病重。

防治方法 ①选用抗病品种，施用腐熟有机肥或生物活性有机肥，加强栽培管理使植株生长健壮，增强抗病力。浇水做到小水勤浇，保持土壤湿润，防止土壤忽干忽湿或较长时间的干旱。②发病前10天浇灌50%乙霉·多菌灵可湿性粉剂1500倍液或30%噁霉灵可湿性粉剂1500倍液、50%氯溴异氰尿酸可溶性粉剂1000倍液。

芹菜、西芹立枯病

症状 芹菜、西芹在塑料棚室育苗期间发生死苗，病苗根部或根颈部变为红褐色，严重时大量死苗，症状与枯萎病近似，不易区分，是芹菜上常见病害。有的棚室发生死苗，是镰刀菌引起的，但多以丝核菌为主。

西芹立枯病

病原 *Rhizoctonia solani* kühn，称立枯丝核菌，属真菌界担子菌门无性型丝核菌属。有性态为 *Thanatephorus cucumeris*（A. B. Frank）Donk，称瓜亡革菌，属真菌界担子菌门亡革菌属。*R. solani* 可分作十多个菌丝融合群，AG2-2引起根腐病，AG2-2的担孢子还可引起叶枯病。

传播途径和发病条件、**防治方法** 参见芹菜、西芹猝倒病。发病初期喷淋1%申嗪霉素悬浮剂800倍液。

芹菜、西芹枯萎病

20世纪20年代至20世纪50年代在美国流行，后推广抗病品种得到有效控制。进入1978年，因病原菌出现了2号生理小种，芹菜枯萎病再次猖獗，后又通过推广新的抗病品种得到有效控制。1991年以后，由于土壤中菌量过大、发病迅猛，造成大面积死亡，为害很大，主要分布在美国、加拿大、法国及我国台湾、广东珠海。种植感病品种，可迅速增加菌量，连作苗菌量尤大，病原菌在苗期或移栽期侵染，常造成严重减产。

症状 芹菜枯萎病苗期发病后生长缓慢，气温高于20℃，叶色由绿变黄绿，接着幼苗萎蔫、枯萎。在高温季节，成株发病叶片无光泽，叶色变成淡绿色，叶脉间叶肉产生黄绿相间斑驳或全变黄色至黄白色或黄褐色。病株叶柄变色。剖开根部、根颈或叶柄基部可见维管束坏死或变褐色。有时主根、侧根坏死腐烂，根颈部及叶柄变红褐色。

病原 *Fusarium oxysporum* Schl. f. sp. *apii*（Nels. et Sherb.）Snyder & Hansen，称尖孢镰孢芹菜专化型，属真菌界无性态子囊菌镰刀菌属。菌丝无色，有隔膜。大型分生孢子无色透明，纺锤形，多具3个隔膜，着生在小梗上。小型分生孢子无色、透明，单细胞或有1隔膜。厚垣孢子顶生或间生，有的内生，近球形至梨形，单生或串生。该菌只侵染芹菜。国外的人工接种测定表明：各小种稍有不同。1号小种引起叶片变苍白色和萎蔫，维管束均匀地变浅褐色，薄壁组织不解离。2号小种的病叶变黄色，中脉变色更明显，病叶萎蔫，周围薄壁组织解离、脱离维管束。4号小种与2号小种类似。8号小种引发中脉病变，叶片变白色、萎蔫、坏死，维管束组织均匀地变为淡褐色。

芹菜枯萎病病株

传播途径和发病条件 主要随病残体在土壤中越冬，即使停止种植芹菜，病原菌可在土壤中存活多年，此菌还可侵染甜玉米、甘蓝、胡萝卜等作物根部，藜、蓼、稗草、马齿苋等杂草根部也可被该菌寄居，但不表现症状。因此即使不种植芹菜，土壤带菌量不一定减少，甚至有可能增加。被病原菌寄生的其他作物和杂草也是重要越季初侵染菌源。枯萎病菌主要随带菌土壤和病残体传播扩散。土壤可附着在移栽苗上、农机具上及农事操作人员衣物、鞋子上。在田间传播，病菌的分生孢子可随风、雨、灌溉水传播扩散。土壤带菌量大发病重，有人试验，土壤带菌量低至每克土壤含有10个菌落形成单位（cfu）就足以引发枯萎病。枯萎病适于在高温、干旱条件下发生。土温增高，土壤湿度降低，枯萎病发生重。苗期地表干燥，地温上升，易造成根部受伤，枯萎病菌侵入增多。气温20～32℃适于侵染发病，28℃最适，气温低丁7.7℃或高于36℃则发病较轻。

防治方法 ①严格检疫，此病是我国进境植物检疫对象，不能从发病地引种或购入种苗，进境种苗须严格检疫，防止该病传入。②种植抗病品种，可有效控制发病，而且不降低土壤质量，具有持续抗病效果。③栽培防治。发病田需与葱类或莴苣进行2～3年轮作，不能与胡萝卜、玉米等轮作。收获后彻底清除病残体，清除田间杂草。采用高畦或起垄栽培。④药剂防治。苗床播前可撒施多菌灵药土，移栽苗可用多菌灵药剂蘸根。初发病田块出现病株后要及时拔除，然后用56%甲硫·噁霉灵可湿性粉剂500～600倍液灌根，每株200～300mL，15天1次，连灌3次。

芹菜根腐病

现在芹菜根腐病已经成为芹菜生产上的严重问题，严重的常造成绝产。

症状 芹菜根腐病有三种：①腐霉菌侵染芹菜根部或茎基部后产生水渍状红褐色斑，几天后变褐色，稍凹陷，叶片变黄；由下向上扩展，但叶片不脱落，主根受害腐烂或坏死，侧根少，易拔出，常造成成片死亡。②软腐病在生长中后期封垄遮阳，地面潮湿时易发病，主要发生在叶柄基部或茎上。发病初期外叶萎蔫，中午尤为明显。严重的根茎髓部腐烂，叶柄上先出现水渍状凹陷，呈湿腐状，维管束发臭变黑，后期缺苗断垄。③菌核病常先在叶部发病，产生暗绿色病变，湿度大时长出浓密白霉，后向下扩展出现根腐病症状，根茎基部产生全株溃烂，最后产生鼠类状菌核。

病原 ①*Pythium paroecandrum*，称侧雄腐霉，称之为腐霉根腐病，属假菌界卵菌门。该病害于1982年被美国纽约首次报道，1990年，中国宁夏也发现该病为害芹菜。② *Pectobacterium carotovorum*，称胡萝卜软腐果胶杆菌，是原来欧文菌属中的胡萝卜软腐组群移至此属，除有欧文菌特征外，该属细菌还会产生大量果胶酶，使植物组织的薄壁细胞浸离降解，引起芹菜软腐病，属有细胞壁革兰阴性菌，在菌物中属原核生物。③ *Sclerotinia sclerotiorum*，称核盘菌会引起芹菜苗期、成株期死亡。2012～2013年，北京通州果园芹菜发病地块的腐霉根腐病、软腐病、菌核病发病地块有20%～30%植株死亡。

芹菜根腐病

传播途径和发病条件 侧雄腐霉根腐病菌可在土壤中存活10年以上，借助农具、雨水或灌溉水传播，病原菌从根部或茎部伤口侵入，24℃左右、相对湿度80%以上易发病。芹菜软腐病菌随病残体在土壤中或留种株上或保护地生长着的芹菜植株上越冬，借雨水或灌溉水、昆虫、夹杂着病残体的肥料传播，病原细菌可由农事操作或病虫导致的伤口侵入，由于芹菜栽植密度大、田间湿度高，易流行成灾，也可与冻害混发。芹菜菌核病病原菌以菌核在土壤中或混在种子中越冬，成为下一年初侵染源。条件适宜时菌核萌发，出土后产生子囊盘，盘内产生子囊，子囊弹射出子囊孢子，借风雨或灌溉水传播到衰弱植株伤口上，子囊孢子萌发进行初侵染，病部长出的菌丝又扩展到邻近植株上进行再侵染，引起发病，在低温潮湿，适温5～20℃，最适15℃，相对湿度高于85%以上有利于该病发生、扩展。此外，与瓜类、茄果类连作地块，地下水位高，排水不良发病重，密度大、通风不良、管理差、不锄草偏施氮肥发病亦重。

防治方法 ①由于缺少抗病品种，对上述的土传病害应进行预防性防治，应在种植前培育无病壮苗。传统防治方法和技术，主要是做好苗床管理，进行合理轮作，降低土壤中的含菌量，及时拔除病株，撒石灰消毒，配合喷洒72%农用高效链霉素可溶性粉剂1200倍液或20%叶枯唑可湿性粉剂500倍液或80%乙蒜素水剂1000倍液可防治软腐病。防治腐霉根腐病用58%甲霉灵·锰锌可湿性粉剂或50%甲霜·铜可湿性粉剂8～10g/m^2，与半干细土4～5kg混拌均匀，在苗床浇足底水前埋下，先取1/3药土撒在床面上，播种后再覆盖剩余的2/3药土。幼苗出土1周后开始用多菌灵+代森锌或甲霉灵·锰锌等喷雾。轮换用药，每周1次，共2～3次。防治菌核病可喷洒40%菌核净可湿性粉剂1000倍液。②新型防治技术。结合3种主要根腐病害采用纸筒育苗法。在芹菜移苗期采用专用含药育苗基质进行移栽。方法是配制含药基质，把4cm×7cm育苗纸筒伸展开，4个角固定好，向纸桶里装满含药育苗基质，去除纸筒表面多余基质，用喷壶浇水，待纸筒内的基质充分吸水后，开始移栽1月龄芹菜幼苗，每个纸筒栽入1～2株芹菜苗之后，按照正常的水分管理即可。定植前浇一遍水，使育苗纸筒能独立分开，定植时先按传统定植方法开穴，然后把幼苗直接带纸筒放入定植穴，使纸筒上沿高出土面1cm。定植后按正常管理进行浇水、缓苗。该技术对芹菜苗期、定植前期的腐霉根腐病、软腐病、菌核病均有效。

芹菜、西芹黄萎病

症状 芹菜、西芹苗期染病后，表现生长缓慢，当气温达到20℃以上时，叶色由绿变为黄绿色，致幼苗萎蔫或枯死。成株染病，在高温季节叶片无光泽，叶色变暗淡，严重时叶片失绿或脉间叶肉出现黄绿相间斑驳，剖开病茎维管束变褐或根及根颈部、叶柄变为红色，根系腐烂致整株枯死。

西芹黄萎病病株

病原 *Verticillium alboatrum*，称黑白轮枝孢，属真菌界子囊菌门无性型轮枝菌属。

传播途径和发病条件 病菌主要以菌丝留在土中越冬。翌年条件适宜时，病菌从芹菜的幼嫩细根入侵后，致寄主皮层破裂或腐烂，该菌侵入后多寄生在根或根颈及叶柄维管束中，由于菌丝大量繁殖，致营养物质或水分向上运输受到阻碍。该病潜育期20天左右，土温高或气温20～32℃利于发病，气温28℃发病重。低于7.7℃或高于36℃发病轻。生产上干燥地块或育苗畦易发病。

防治方法 ①选用抗黄萎病品种。②喷淋或浇灌70%噁霉灵可湿性粉剂1500倍液或30%噁霉灵水剂700倍液、1%申嗪霉素悬浮剂500～1000倍液。

芹菜、西芹黑腐病

症状 主要为害芹菜、西芹根茎部和叶柄基部。多发生在近地面处，有的也侵染根部，初呈灰褐色，扩展后变为黑褐色，严重时病部变黑腐烂，叶片萎蔫而死，病部生有许多小黑点，即载孢体——分生孢子器。

西芹黑腐病

病原 *Phoma apiicola* Kleb.，称芹生茎点霉，属真菌界子囊菌门无性型茎点霉属。载孢体球形，初埋生后突破表皮，器壁褐色，膜质，孔口圆形。分生孢子长椭圆形，单胞，无色，大小（3～3.8）μm×（1～1.6）μm。

传播途径和发病条件 主要以菌丝附在病残体或种子上越冬。翌年播种带病的种子长出幼苗即猝倒枯死，病部产生分生孢子借风雨或灌溉水传播，孢子萌发后产生芽管从寄主表皮侵入进行再侵染，生产上移栽病苗易引起该病流行。

防治方法 参见芹菜、西芹叶点霉叶斑病。

芹菜、西芹叶点霉叶斑病

症状 又称芹菜或西芹叶斑病。主要为害叶片。老叶染病，多始于叶尖或叶缘，初现水渍状退绿小斑点，后逐渐扩大成不规则形或半圆形大斑，中间灰白色，边缘青褐色，湿度大时病斑背面长出子实体，后期病斑上密集黑色小粒点，即病原菌的分生孢子器。严重的病斑连片，致叶片干枯，棚室为害较重，生产上有扩展之势。

西芹叶点霉叶斑病

病原 *Phyllosticta apii* Halst，称芹菜叶点霉，属真菌界子囊菌门无性型叶点霉属。

传播途径和发病条件 病菌主要以分生孢子器在病残体或种子上越冬。翌年种植带病的种子可引致芹菜发病。病部产生的分生孢子借风雨传播，孢子萌发产生芽管直接从寄主表皮侵入。7～8月连阴雨多、降雨量集中且大的年份或栽植病苗发病重。

防治方法 ①选用津南实芹、夏芹、冬芹、文图拉、玻璃脆、春丰、天马、上海大芹等品种。实行2～3年轮作。②采用高畦栽培，开好排水沟，避免畦沟积水。采用遮阳网覆盖。③发病初期喷洒70%丙森锌可湿性粉剂500倍液或20%丙环唑微乳剂2000倍液、70%代森联水分散粒剂600倍液或50%甲基硫菌灵悬浮剂600倍液、55%硅唑·多菌灵可湿性粉剂900倍液，隔7～10天1次，连续防治2～3次。

芹菜、西芹灰霉病

症状 芹菜、西芹灰霉病是近年棚室保护地新发生的病害。一般局部发病，开始多从植株有结露的心叶或下部有伤口的叶片、叶柄或枯黄衰弱的外叶叶缘先发病，初为水浸状，后病部软化、腐烂或萎蔫，病部长出灰色霉层，即病菌分生孢子梗和分生孢子。长期高湿，芹菜整株腐烂。

西芹灰霉病叶尖发病症状

病原 *Botrytis cinerea* Pers.：Fr.，称灰葡萄孢，属真菌界子囊菌门葡萄孢核盘菌属。

传播途径和发病条件 主要以菌核在土壤中或以菌丝及分生孢子在

病残体上越冬或越夏。翌春条件适宜时，菌核萌发，产生菌丝体和分生孢子梗及分生孢子。分生孢子成熟后脱落，借气流、雨水或露珠及农事操作进行传播，萌发时产出芽管，从寄主伤口或衰老的器官及枯死的组织上侵入，发病后在病部又产生分生孢子，借气流传播进行再侵染。本菌为弱寄生菌，可在有机物上腐生。发育适温20～23℃，最高31℃，最低2℃。对湿度要求很高，一般12月至翌年5月，气温20℃左右、相对湿度持续90%以上的多湿状态易发病。

防治方法 ①保护地芹菜采用生态防治法，加强通风管理。具体做法为变温管理，即晴天上午晚放风，使棚温迅速升高，当棚温升至33℃，再开始放顶风，31℃以上高温可减缓该菌孢子萌发速度，推迟产孢，降低产孢量；当棚温降至25℃以上，中午继续放风，使下午棚温保持在20～25℃，棚温降至20℃关闭通风口以减缓夜间棚温下降，夜间棚温保持15～17℃；阴天打开通风口换气。②浇水宜在上午进行，发病初期适当节制浇水，严防过量，每次浇水后，加强管理，防止结露。③保护地可施用15%腐霉利烟剂每667m² 用200g或噻菌灵烟剂每100m³ 用50g（1片）；45%百菌清烟剂每667m² 用250g，熏1夜，隔7～8天1次。也可于傍晚喷撒5%百菌清粉尘剂每667m² 用1kg或5%福·异菌粉尘每667m² 用1kg，隔9天1次，视病情注意与其他杀菌剂轮换交替使用。④于发病初期喷洒50%啶酰菌胺水分散粒剂1500倍液或50%嘧菌环胺水分散粒剂700～1000倍液、40%嘧霉·百菌清悬浮剂300～500倍液、6%井冈·蛇床素可湿性粉剂40g/667m² 兑水喷雾，隔7～10天1次，连续防治3～4次。由于灰霉病菌易产生抗药性，应尽量减少用药量和施药次数，必须用药时，要注意轮换或交替及混合施用。隔14天左右再防治1次，连续防治2～3次。

芹菜、西芹细菌性叶斑病

症状 芹菜、西芹细菌性叶斑病主要为害叶片。初在叶片上形成较小的浅褐色斑点，受叶脉限制逐渐发展成多角形，病斑可相互融合，导致叶片枯死。该病水渍状斑不明显，小苗到收获均可发病，栽植密度大的地块发病重。别于细菌叶枯病。

芹菜细菌性叶斑病

病原 *Pseudomonas cichorii*（Swingle）Stapp.，称菊苣假单胞杆菌，属细菌界薄壁菌门。

传播途径和发病条件 病原细

菌可在杂草及其他作物上越冬，成为该病的初侵染源。除为害芹菜外，还可为害白菜、甘蓝、油菜、黄瓜、苋菜、龙葵、马齿苋等作物和杂草。在山东泰安4月下旬开始发病，5月中下旬进入发病盛期，该病发生与湿度密切相关，棚室或田间湿度大易发病和扩展，据观察，田间叶斑病的发生可能需借助风雨冲刷，使叶片呈水渍状，利于叶片上的病原细菌侵入、繁殖而发病。

防治方法 ①棚室栽培的芹菜要采用生态防治法，及时放风排湿，尽量缩短叶面结露持续时间。②发病初期喷洒90%新植霉素可溶性粉剂4000倍液或72%农用高效链霉素可溶性粉剂3000倍液、33.5%喹啉酮悬浮剂600倍液，每667m^{2}喷对好的药液60L，隔7～10天1次，连续防治2～3次。

芹菜、西芹细菌性叶枯病

症状 芹菜、西芹叶枯病从叶缘开始形成大的水渍状病斑，病斑占整个叶面1/3以上，后扩展到整个叶片，叶片呈褐色枯死，该病主要发生在气温低、湿度大的条件下，别于叶斑病。

芹菜细菌性叶枯病

西芹采种株细菌叶枯病

病原 *Pseudomonas viridiflava* (Burkholder) Dowson，称绿黄假单胞菌，属细菌界薄壁菌门荧光假单胞菌。

传播途径和发病条件、**防治方法** 参见芹菜、西芹细菌叶斑病。

芹菜、西芹软腐病

症状 主要发生于叶柄基部或茎上。先出现水浸状、淡褐色纺锤形或不规则形的凹陷斑，后呈湿腐状，变黑发臭，仅残留表皮。此病易与芹菜缺钙症状混淆，需注意鉴别。

西芹细菌软腐病发病初期症状

病原 *Pectobacterium carotovora* subsp. *carotovora*（Jones）Bergey et al.，称胡萝卜果胶杆菌胡萝卜致病型，属细菌界薄壁菌门果胶杆菌属。病菌形态特征、生理生化，见莴苣、细球莴苣软腐病菌。

传播途径和发病条件 病原细菌在土壤中越冬，从芹菜伤口侵入，借雨水或灌溉水传播蔓延。该病在生长后期湿度大的条件下发病重。有时与冻害或其他病害混合发生。

防治方法 ①实行2年以上轮作。②定植、松土或锄草时避免伤根；培土不宜过高，以免把叶柄埋入土中；雨后及时排水；发现病株及时挖除并撒入石灰消毒；发病期减少浇水或暂停浇水。③注意防治地下害虫，减少伤口。④发病初期喷洒72%农用高效链霉素可溶性粉剂3000倍液或90%新植霉素可溶性粉剂4000倍液或10%苯醚甲环唑水分散粒剂900倍液，隔7～10天1次，连续防治2～3次。

芹菜、西芹病毒病

芹菜、西芹病毒病又称花叶病，我国各地栽培区均有不同程度的发生，以夏、秋季栽培发病较多，高温干旱年份危害重，明显降低芹菜产量、质量及商品价值。

症状 全株染病。初叶片皱缩，呈现浓、淡绿色斑驳或黄色斑块，表现为明显的黄斑花叶。严重时，全株叶片皱缩不长或黄化、矮缩。

病原 由黄瓜花叶病毒（CMV）和芹菜花叶病毒［*Celery mosaic virus*（CeMV）］侵染引起。两种病原引起的花叶症状相似。此外，国外报道芹菜上还有芹菜潜隐病毒（CeLV）、芹菜黄斑病毒（CeYSV）、草莓潜环斑病毒（SLRSV）、番茄黑环病毒（TBRV）、番茄斑萎病毒（TSWV）、芹菜黄网病毒（CeYNV）等引起多种病毒病。

西芹花叶病毒病

芹菜花叶病毒病症状

传播途径和发病条件 CMV和CeMV田间主要通过蚜虫传播，也可通过人工操作接触摩擦传毒。栽培管理条件差、干旱、蚜虫数量多发病重。

防治方法 主要采取防蚜、避蚜措施进行防治。其次是加强水肥管理，提高植株抗病力，以减轻为害。必要时喷洒2%氨基寡糖素水剂300倍液或1.8%辛菌胺醋酸盐水剂400倍液或于发病前喷洒纯生物制剂绿地康（抗病毒型）100倍液，隔5～7天1次，可与植株细胞膜上的受体蛋白结合，激发多种酶系的活性，提高免疫力，达到抑制病毒复制的效果，迅速防止出现小叶、卷叶、矮化、黄化症状。

芹菜、西芹（PVY）花叶病

症状 芹菜、西芹从苗期至成株期均可发病。苗期染病，出现黄色花叶或系统花叶，发病早的，所生嫩叶上出现斑驳或呈花叶状，病叶小，有的扭曲或叶片变窄，叶柄纤细，植株矮化；发病晚的多见于所生叶呈浓绿、淡绿相间的花叶，植株正常。

病原 Potato virus Y（PVY），称马铃薯Y病毒；Turnip mosaic virus（TuMV），称芜菁花叶病毒，均属马铃薯Y病毒科马铃薯Y病毒属。

西芹PVY花叶病

芹菜花叶病毒菌体形态

传播途径和发病条件 PVY主要靠蚜虫传播，TuMV主要靠汁液传染，也可由桃蚜及甘蓝蚜作非持久性传毒。

防治方法 ①选用津南实芹1号等抗病毒病品种。②其他防治法参见菠菜病毒病。

芹菜、西芹根结线虫病

症状 表现为植株生长发育受阻，颜色不正常，湿度大时，植株萎蔫。上述症状是线虫为害根部所致。根部症状常因病原线虫不同而异。根结线虫则引起根部虫瘿，其严重程度取决于土壤中线虫的数量、生长的环境及植株的发育阶段。

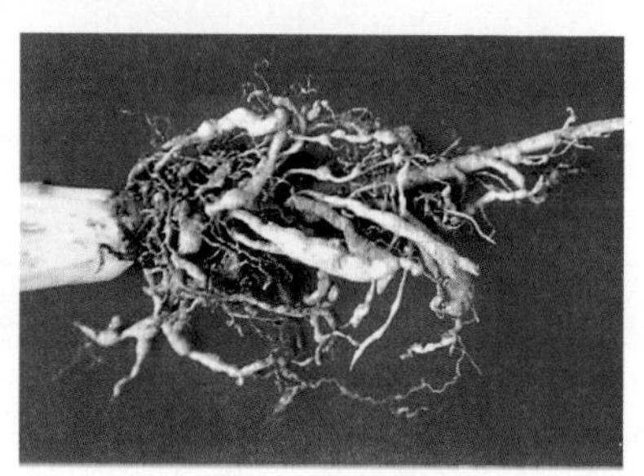

西芹根结线虫病病根上的根结

病原 *Meloidogyne incognita* (Kofoid and White) Chitwood，称南方根结线虫；*M. javanica* Treub.，称爪哇根结线虫，属动物界线虫门。

传播途径和发病条件参见菠菜根结线虫病。

防治方法 提倡用威百亩进行棚地消毒，防治大棚中越来越严重的根结线虫及多种土传病虫害。威百亩是一种低毒高效的土壤熏蒸剂，施用后可有效地防治根结线虫病及猝倒病、立枯病、枯萎病、黄萎病、根腐病、菌核病、疫病、青枯病等真菌、细菌病害。威百亩是种液体消毒剂，使用时选最热、光照最好的一段时间。先把大棚土壤翻松并施入有机肥后浇一遍透水，1～2天后每667m^{2}施入42%的甲基二硫代氨基甲酸钠（威百亩）水剂25～40kg，兑水500kg，施完后马上盖土。盖平后马上覆膜，边覆土边盖膜，要求不漏气密闭10天进行闷棚，使棚温迅速升高，保证消毒效果，经7～10天晾晒即可定植下茬蔬菜。用威百亩消毒成本低、效果高、安全、应用前景看好。

芹菜、西芹先期抽薹

症状 芹菜、西芹在收获前植株长出花薹的现象叫先期抽薹。主要发生在越冬芹菜、早春芹菜上。抽薹后的植株由营养生长转为以生殖生长为主，心叶停止分化，叶片生长受抑，造成产量、质量下降，不能食用。

西芹先期抽薹

病因 一是越冬芹菜和早春栽培的芹菜 收获时间多在4～6月。芹菜幼苗期，即3～4片真叶期，持续10～20天的2～5℃低温，就通过了春化阶段，转向花芽分化。成株芹菜经过一定时间的低温，也能通过春化，且植株大，通过春化也快。已经通过春化阶段的芹菜，在气温不断升高和长日照条件下，又通过了光照阶段，芹菜、西芹就会抽出花薹。二是秋延后的芹菜成株在冬季生长，元旦、春节前收获，缺少高温和长日照环境，花薹仅在萌芽阶段，一般不至于抽薹。总之，芹菜是低温感应型蔬菜，达到一定大小的苗，遇有低于12℃以下的低温诱发花芽分化，温暖长日照能促其抽薹。

防治方法 ①选用优良品种，尤其是选择耐低温能力强的品种，先期抽薹现象较轻。如玻璃脆芹菜、天津黄绿芹菜、意大利冬芹、黄旗堡黄苗芹菜、北京棒儿春等。②选用籽粒饱满的新种子。③加强管理，棚室早春育苗时，要设法提高苗床温度，这是防止芹菜提早抽薹的有效措施之一。白天苗床温度控制在15～20℃，夜间高于12℃。春芹菜生长期不要蹲苗，肥水一促到底，促进营养生长、抑制生殖生长，防止先期抽薹。④适当提前收获。

西芹空心

症状 西芹是实心品种。使用优良的实心品种种子种出的芹菜却长成了空心芹菜。

病因 一是露地栽培的西芹，遇有高温干旱是产生空心芹菜的主要原因。尤其是夏季，昼夜温差小，呼吸消耗多，遇有土壤水分供应不均匀，芹菜缺水抑制根部各种营养元素的输运吸收，不仅影响顶芽生长，常致叶柄中厚壁组织加厚，组织细胞老化，就会产生空心芹。二是水肥管理跟不上造成空心。西芹根系吸肥能力弱、耐肥能力强，需要氮、磷、钾及微量元素，生长前期磷肥供给不足，对叶片分化和生长不利，幼苗瘦弱，易出现空心。中后期钾肥对养分输运、叶柄粗壮、充实具光泽起重要作用，田中缺钾生长受抑，叶柄会出现中空。三是土壤干旱及缺氮也会影响其对微量元素硼和钙的吸收。西芹对硼敏感，植株缺硼时叶柄出现纵裂，心叶变褐龟裂。四是喷920的西芹，水肥跟不上，也会出现空心。五是盐碱地、黏重或沙性大及病虫害严重的地块，会出现空心。

西芹（实秆芹菜）空心

防治方法 ①选用高质量的西芹种子，种在条件好、肥沃的地块上，土壤pH值以中性至微酸性为宜，不要种在黏土、沙性土壤上。②西芹属耐寒性蔬菜，喜冷凉湿润气候。棚室内栽培的，白天气温以控制在15～23℃为宜，最高不宜超过25℃，夜间10℃，不要低于5℃，防止冻害和早期抽薹。③加强肥水管理。施足底肥，每667m^{2}施高质量的腐熟有机肥5000kg，并加入发酵好的鸡粪150kg或磷酸二铵15kg，定植后每667m^{2}随水施硫铵10kg提苗。生长期追肥以速效氮肥为主，配施钾肥，每667m^{2}每次施20kg左右，隔半个月1次。④喷920以后要注意及时浇水追肥，小水勤浇，浇肥要勤，不可脱肥，发现缺硼时叶面喷洒0.3%～0.5%硼砂溶液。⑤旺盛生长期要注意保持土壤湿润不渍水，土壤湿度以60%～80%为宜，雨后要注意排水。⑥发现病虫害及时防治，保持叶片有较大的光合作用能力，以充足供给叶柄内薄壁细胞的营养物质，使植株健壮，防止空心。⑦成熟后及时收获。

芹菜、西芹茎开裂

症状 茎和茎基部出现裂缝，呈直或波状爆裂，植株外叶易黄化，不仅影响品质，而且病菌也易趁机侵入，引起腐烂。

病因 一是芹菜生长发育过程中，遇有低温干旱等气象条件，使植株表皮角质化，这时遇高温、降雨或浇大水，芹菜细胞迅速膨大，表皮不能适应而开裂。二是缺硼易导致茎裂。

西芹茎开裂

防治方法 ①增施有机肥，提倡采用测土配方施肥技术，防止施用氮肥过多。改良土壤，增强土壤抗旱能力。加强水肥管理，雨后及时排水，浇水须小水勤浇，保持土壤不干不湿，不要忽干忽湿和大水漫灌。②连年种植芹菜的地块，需诊断土壤中氮、磷、钾和硼肥含量。如已缺硼，可在配方施肥时，每667m^2施入硼砂0.8kg，以补充硼肥，但不可过量。③芹菜生长期叶面喷施0.2%～0.3%的硼砂溶液，隔5～7天后再喷1次。④夏季栽培需防高温，有条件的提倡使用遮阳网，降低高温对芹菜、西芹的为害。

芹菜、西芹缺素症

症状 ①缺氮。自下部叶变白色至黄色，生长差。②缺磷。自下部叶开始变黄，但嫩叶的叶色与缺氮症相比，显得浓些。③缺钾。在下部叶片发黄的同时，叶脉间产生褐色斑块，这种症状逐渐向上部叶扩展，生长变差。④缺钙。生长点生长发育受阻，中心幼叶枯死，且附近新叶的顶叶脉间产生白色至褐色斑点，斑点相互融合扩大呈叶缘枯死状，最后幼嫩组织变黑，又称心腐病。⑤缺铁。无土栽培的芹菜易发生缺铁症。幼叶上先是脉间黄化，严重时叶色变白。⑥缺硫。整株呈淡绿色，但嫩叶显示特别的淡绿色。⑦缺镁。沿叶脉两侧出现黄化，并从下部叶片开始逐渐向上部叶扩展。⑧缺硼。芹菜对硼的吸收受阻碍时，常产生茎裂，茎裂大部分生在外叶上，主要在叶内侧的一部分表皮开裂。心叶发育时出现缺硼，心叶的内侧组织变成褐色并发生龟裂，生长差。⑨缺锰。叶缘部的叶脉间出现淡绿色至黄白色。

西芹缺氮下部叶变白色至黄色

西芹缺铁幼叶叶脉间出现黄化

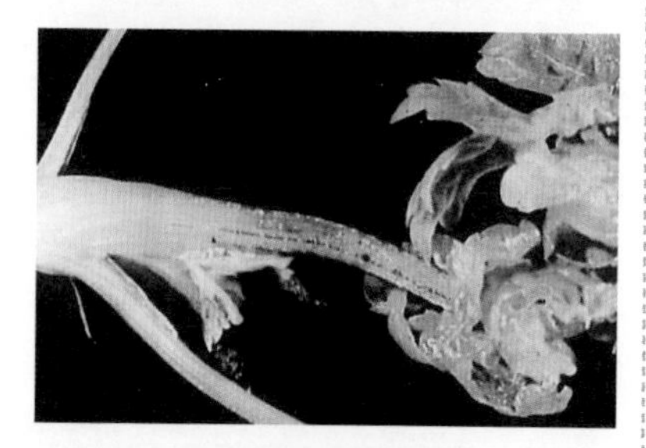

西芹缺硼叶柄有横裂

西芹缺钾下部叶边缘斑点状失绿

西芹缺磷下部叶黄化夹有棕褐色，株小、根发育差

西芹缺镁症从新叶到老叶失绿状

病因 ①缺氮。新开辟的菜田或土壤有机质少，供氮能力不足的地块种植生长速度快的芹菜，易发生缺氮病。②缺磷。一是土壤供磷不足，经测定土壤 pH 值 6.5 ～ 7 时，土壤有效磷含量最高，低于或高于这一范围，土壤有效磷不足。二是低温可减少芹菜对磷的吸收。③缺钾。芹菜在生长发育的前期以吸收氮、磷为主，进入生长发育的中后期转变为吸收氮、钾为主，红黄土壤易发生缺钾。芹菜吸收的钾比氮高 2 倍，生产上连作的芹菜田也易发生缺钾。④缺钙。芹菜缺钙是由于土壤酸化引起的，尤其是老龄保护地很易发生缺钙症。⑤缺铁。以土壤为基质的保护地条件下不易出现缺铁，但有时因土壤锰过剩可诱发缺铁症的出现。⑥缺硫。在棚室保护地栽培芹菜时长期连续施用无硫酸根的肥料时易发生缺硫症。⑦缺镁。保护地的土壤出现铵态氮积累时，引起对镁的吸收障碍，出现缺镁症，生产上钾肥过多时也易造成缺镁。⑧缺硼。芹菜长心叶时需要大量的硼，如果硼素供给不足，就会造成缺硼。⑨缺锰。碱性、石灰性、

沙质酸性土壤上易发生缺锰症。土壤中铁、铜、锌等离了含量过高也会诱发缺锰。

防治方法 每生产4000kg芹菜需要吸收氮7.3kg、磷2.7kg、钾16kg、钙6kg、镁3.2kg，据此进行测土配方施肥。生产上实际施肥量，尤其是氮、磷肥的施用量要比实际需肥量高出2～3倍，即表明芹菜是吸肥能力低、耐肥力较高的作物，它要在较高土壤浓度状态下，才能够大量吸收肥料，施肥量不足，不仅影响芹菜正常生长发育，且品质也不好。适于芹菜叶片生长的氮素浓度是200mg/kg，土壤有效磷含量以150mg/kg为宜，钾浓度为120mg/kg，尤其是生长后期需钾量很大。生产上施肥时育苗肥在营养土中加入2%～3%的过磷酸钙，出苗后30天酌情追1次低浓度氮肥，每畦追施硫酸铵0.2kg或腐熟的稀人粪尿。基肥每667m^{2}施入腐熟有机肥4000～5000kg、过磷酸钙30～35kg、硫酸钾15～20kg，对缺硼的地块施入硼砂1～2kg。追肥提苗期于缓苗时每667m^{2}随水追施硫酸铵10kg，或腐熟人粪尿550kg。当新叶大部分展出直至收获前旺长期需肥量大，每次每667m^{2}追施尿素8kg或硫酸铵18kg、硫酸钾13kg。半个月后芹菜进入旺长期进行第2次追肥，再过15天进行第3次追肥，肥料种类用量同第1次。土壤中氮、钾浓度过高会影响硼、钙的吸收，造成芹菜心叶幼嫩组织变褐或出现干边，生产上浇水不足、土壤干旱或地温低时更为严重，因此要控制氮肥、钾肥用量，增加硼肥和钙肥的施用，保持土壤湿润，防止土温过低。发现茎裂等缺硼症状时，叶面喷施0.5%的硼砂水溶液。生产上出现心腐病时叶面喷施0.3%～0.5%硝酸钙或氯化钙水溶液。此外还可喷施天达2116壮苗灵600倍液，增产显著。

芹菜、西芹黑心病

芹菜黑心病又称心腐病，是芹菜主要病害，也是西芹重大生理病害。2005年内蒙古多伦县大发生，病株率达30%以上，重病地全田覆没，损失惨重。无论是保护地还是露地，整个生育期均可受害。

西芹黑心病（心腐病）典型症状

西芹缺钙黑心病症状

症状 多发生在芹菜8～12叶期。初发病时短缩茎中央的心叶叶缘出现退绿斑，很快变成褐色，整个心叶凋萎、枯焦而死亡。向短缩茎扩展，病部变黑呈干腐状。发病轻的短缩茎四周仍可生出略向外展的叶片。湿度大时，腐生细菌侵入，致心叶变黑褐色湿腐状，短缩茎中央褐腐，全株萎蔫倒伏或枯死。

病因 是生理病害，芹菜、西芹体内的硼素、钙素缺乏是引发该病的基本原因。正常时，芹菜外叶叶柄含钙量是其干质量的1.3%～2%。在芹菜、西芹生长发育过程中，不仅需要足够的钙，而且要求钙素能在芹菜体内均匀分布，尤其是短缩茎中央叶片的生长点含钙量不能过低。此外，即使土壤中不缺钙，有些因素也可影响芹菜对钙的吸收利用，造成心叶细胞生理紊乱而诱发该病。发病条件有五：一是土壤缺钙缺硼。生产上土壤中含钙量处于0.1%～3%时，处在芹菜8～12叶期钙素需要量大增时，土壤是酸性或沙性土，出现钙素不足易发病。二是土壤钠离子含量过高。生产上遇有低洼盐碱地，大量的钠离子被植物吸收或达饱和状态，就会影响芹菜对营养和水分的吸收。此外，土壤中硫酸根过多，也会妨碍对钙的吸收，引起发病。三是土壤结构不良。黏壤土富含有机质、保水保肥能力强有利于芹菜生长发病轻。四是沙地有机质含肥不合理。氮磷钾肥配比不合理，氮肥过多，忽视钙、硼等肥施用，造成钙氮肥、钙钾肥配比过低，都会引发黑心病。五是气候条件不适。芹菜喜冷凉湿润条件，生长期间遇有温度过高、土壤水分蒸发过快妨碍钙素吸收，或雨水过多、浇水过量也会造成钙素淋失引起该病发生。

防治方法 从栽培管理入手，采取测土施肥，防止土壤中盐类浓度过高，均匀浇水，创造适宜芹菜、西芹生长的土壤及温湿度环境。①测土施肥改良土壤，选择土质肥沃的黏壤土种植芹菜。对酸性土每667m^{2}施入石灰50～85kg以利提供钙营养及中和土壤中的酸；对过黏或过沙的土壤要施入充分腐熟的有机肥，每667m^{2}用5000kg，可改善土壤通透性和保水保肥能力。定植缓苗后施提苗肥，每667m^{2}施入尿素10kg或发酵后的人粪尿；旺盛生长期隔15～20天追1次肥。传统芹菜对氮磷钾配比率约为3：1：4，西芹约为4.7：1.1：1。②加强水分管理，保护水分均匀供给。初夏温度急剧升高时要小水勤浇，保持畦面湿润。高温期不要缺水。保护地在晴天上午浇水，露地芹菜可在早晨或晚上，不要大水漫灌。夏季雨后及时排水防涝。③适时补钙。芹菜长到7～8叶时，叶面喷洒0.5%氯化钙和速乐硼1500倍液，最好喷至芹菜心部，每7天1次，连喷3～4次。也可选用美林高效钙50g，装入15kg水中，再加入助剂5g溶解后喷洒。④生长期全株喷洒1.4%复硝酚钠水剂3500倍液1～2次，具促进生长、显著提高产量的作用。

芹菜、西芹连作障碍

症状 芹菜生产中易出现烧心、空心、叶柄开裂等生理病害。会出现根腐病、斑枯病、疫病、软腐病、根结线虫病、缺素病等病害，并不断加重。

病因 ①养分失衡，特别是缺乏中微量元素。②连作几年后芹菜生产上的病害逐年加重，如根腐病、斑枯病、疫病、软腐病、灰霉病、根结线虫病、缺素症等。

西芹连作障碍

防治方法 ①要缓解芹菜连作障碍，首先要增施有机肥，特别是以农家肥如鸡粪、猪粪、牛粪、饼粕类肥料等为主，商品有机肥和化肥为辅，做到有机肥和中、微量元素合理搭配。②要深翻 25 ～ 30cm，近年生产上都是使用旋耕犁，耕后看似很疏松，实测只有 19cm，由于耕层浅，养分溶解度低，水分蓄积能力下降，导致施肥略多一些，就会出现沤根或烧根，造成一些病害发生，因此一定要通过深耕打破多年形成的犁底层，才能提高土壤有机质和各种养分的含量，也可施用土壤调理剂，每茬芹菜施用 1 次免深耕调理剂，逐步加深耕作层。③增施微生物菌肥又叫生物菌肥改良土壤效果明显，既可防土传病害，又可增加土壤透气性，配合有机肥使用效果更理想，每 667m^2 可使用激抗菌 968 生物菌肥 50 ～ 100kg，或冲施肥力高 4 瓶，促进有机肥腐热，同时向土壤里补充有益微生物，提高芹菜产量，效果明显。现在耕作层浅是限制芹菜生产的因素，这个问题作者已通过番茄生产，看出这是我国蔬菜生产上当前急需解决的大问题，蔬菜生产上急需把耕作层加深到 30cm，过去的犁需要解决牵引动力，靠牲畜不好解决，需要能拉动 30cm 犁的动力深耕兼运输的拖拉机，解决耕作层深度，不光是芹菜，其他蔬菜、粮食作物等耕作层解决后，我国的粮菜产量会有很大提高，应能提高 30% 左右。

五、莴苣、结球莴苣病害

莴苣 学名 *Lactuca sativa* L.，别名千金菜，是菊科莴苣属，能形成叶球和嫩茎的一、二年生草本植物。原产地中海沿岸，是由野生种演化而来，5 世纪传入我国，在我国由莴苣演化出茎用类型，即莴笋。叶用莴苣包括三个变种：一是长叶莴苣（*Lactuca sativa* var. *longifolia* Lam.），又称散叶莴苣；二是皱叶莴苣（*Lactuca sativa* var. *crispa* L.）；三是结球莴苣（*Lactuca sativa* var. *capitata* L.）。结球莴苣 16 世纪在欧洲出现，后传入我国，在广东及沿海一带和北京都有种植；20 世纪 80 年代后期，结球莴苣在广东及沿海和北京发展较快，现已扩展到全国各地，成为名优蔬菜之一。

立叶莴苣背面发生的霜霉病症状

莴苣、结球莴苣霜霉病

症状 幼苗、成株均可发病，以成株受害重，主要为害叶片。病叶由植株下部向上蔓延。最初叶上生淡黄色近圆形或多角形病斑，直径 5 ～ 20mm。潮湿时，叶背病斑长出白霉即病菌的孢囊梗和孢了囊。后期病斑枯死变为黄褐色并连接成片，致全叶干枯。

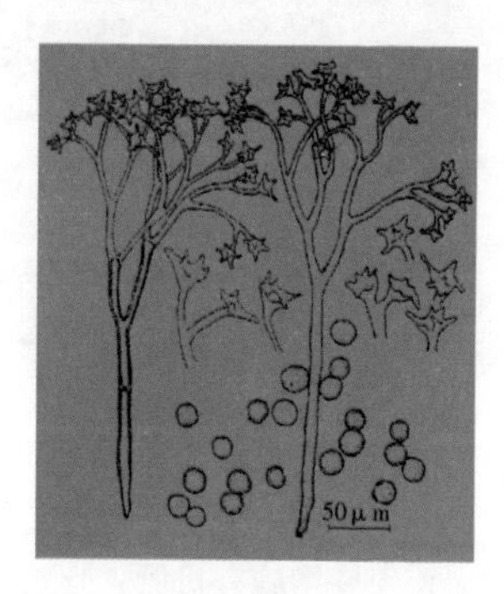

莴苣盘梗霉孢囊梗和孢子囊（郑建秋）

病原 *Bremia lactucae* Regel，称莴苣盘梗霉原变种，属假菌界卵菌门霜霉属。

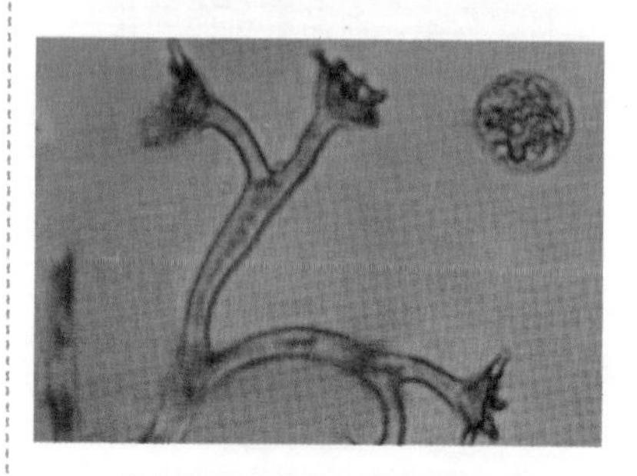

莴苣霜霉病菌盘梗霉孢囊梗及孢子囊（李明远）

传播途径和发病条件 病菌在南方气温高的地区无明显越冬现象。在北方，则以菌丝体在种子内或秋播莴笋上，或以卵孢子随病残体在土壤中越冬。翌年产出孢子囊，借风雨或昆虫传播。孢子囊多间接萌发，产出游动孢子；有些直接萌发，产出芽管，从寄主的表皮或气孔侵入。孢子囊萌发适温 6 ～ 10℃，侵染适温 15 ～ 17℃。此病在阴雨连绵的春末或秋季发病重；栽植过密、定植后浇水过早或过多、土壤潮湿或排水不良易发病。

防治方法 ①选用抗病品种。凡根、茎、叶带紫红色或深绿色的表现抗病，如红皮莴苣、尖叶子、青麻叶莴苣较抗病。②加强栽培管理。合理密植，注意排水，降低田间湿度；实行 2 ～ 3 年轮作。③药剂防治。初见病斑时喷洒 250g/L 吡唑醚菌酯乳油 1500 倍液或 75% 丙森锌・霜脲氰水分散粒剂 700 倍液，隔 10 天 1 次，连续防治 2 次。

莴苣、结球莴苣尾孢叶斑病

症状 又称褐斑病。病斑生在叶上，圆形、近圆形至不规则形，宽 1 ～ 8mm，叶面上病斑浅褐色至褐色，或中央灰白色，边缘黄褐色至暗褐色，叶背病斑色稍浅。

病原 *Cercospora lactucaesativae* Sawada，称莴苣尾孢，属真菌界子囊菌门尾孢属。子实体生在叶两面，无子座或仅由数个褐色球形细胞组成。分生孢子梗单生或几根簇生，浅褐色，向顶端色泽变浅，宽度不规则，直立或弯曲，不分枝，1 ～ 3 个屈膝状折点，顶部圆锥形平截，0 ～ 4 个隔膜，大小（18 ～ 108.5）μm×（3.6 ～ 5.4）μm，孢痕加厚。分生孢子针形，无色，顶端近尖细，基部平截，有多个隔膜，大小（25.9 ～ 120）μm×（2.5 ～ 4.4）μm。

莴苣尾孢叶斑病病叶上的典型症状

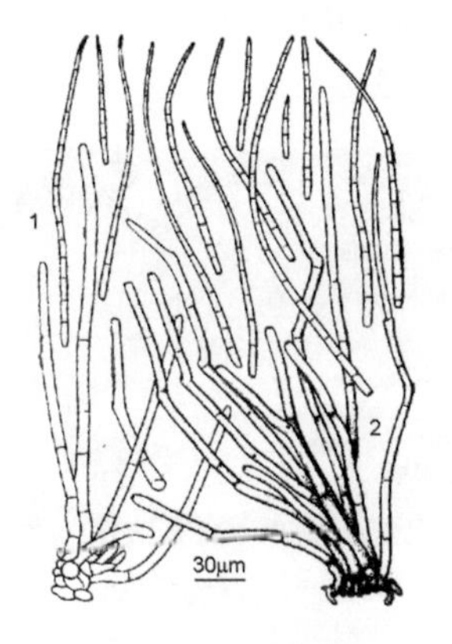

莴苣尾孢叶斑病病菌

1—分生孢子；2—分生孢子梗

传播途径和发病条件 以菌丝体和分生孢子丛在病残体上越冬。以分生孢子进行初侵染和再侵染，借气流及雨水溅射传播蔓延。通常多雨或雾大露重的天气有利发病。植株生长不良，或偏施氮肥长势过旺，会加重发病。

防治方法 ①注意田间卫生，结合采摘病叶片收集病残体携出田外烧毁。②清沟排渍，施用腐熟有机肥，避免偏施氮肥，适时喷施天然芸薹素等，使植株健壮生长，增强抵抗力。③从初见病斑时开始喷洒250g/L吡唑醚菌酯乳油1500倍液或77%氢氧化铜可湿性粉剂600倍液或70%丙森锌可湿性粉剂500倍液，隔10～15天1次，连续防治2～3次。

莴苣、结球莴苣匍柄霉叶斑病

症状 叶上产生圆形病斑，浅褐色，周围有黄色晕，轮纹明显，呈深褐色。

莴苣匍柄霉叶斑病

病原 *Stemphylium chisha*，称微疣匍柄霉，属真菌界子囊菌门微疣匍柄霉属。

传播途径和发病条件 病菌可在土壤中的病残体上越冬。在温湿度适宜时，产生分生孢子进行侵染，孢子可通过风雨传播，进行再侵染。温暖潮湿、阴雨天及结露持续时间长，病害易流行。在土壤肥力不足、植株生长衰弱时发病重。

防治方法 ①加强田间管理，增施有机活性肥及磷钾肥，提高植株抗病力。②实行轮作，不与菊科蔬菜连作。③及时打去老叶、病叶，集中烧毁或深埋。④发病初期喷洒75%肟菌·戊唑醇水分散粒剂3000倍液、10%苯醚甲环唑水分散粒剂900倍液、32.5%苯甲·嘧菌酯悬浮剂1500倍液，隔10天左右1次，连续喷2～3次。

莴苣、结球莴苣柱隔孢叶斑病

症状 叶上病斑圆形，直径1.5～4mm，中央灰白色，边缘紫褐色，叶背面病斑浅褐色，生很薄的白色霉。

病原 *Ramularia lactucosa* Lamb.et Foutr，称莴苣柱隔孢，属真菌界子囊菌门柱隔孢属。

莴苣柱隔孢叶斑病

传播途径和发病条件 病原菌在病残组织上存活越季。条件适宜时产生分生孢子，随风雨传播引起侵染，造成一定危害。雨季易发病。

防治方法 ①收获后搞好清园，烧掉枯枝烂叶。②初发病时喷洒77%波尔多液可湿性粉剂600倍液或40%嘧霉·百菌清悬浮剂300～400倍液。

莴苣炭疽病

症状 初在外围叶片上产生小的圆形浅黄色病斑，水渍状，扩展后变成黄褐色至浅红褐色椭圆形病斑，温湿度适宜时病斑中央溢出粉红色的黏孢团。后期病斑变薄变脆成穿孔状，多个病斑融合造成叶片大面积坏死。叶片的中肋上产生卵形凹陷斑，中央浅褐色，边缘浓褐色，有的从基部产生褐色至深褐色长形病斑沿中肋扩展，致叶腐烂。

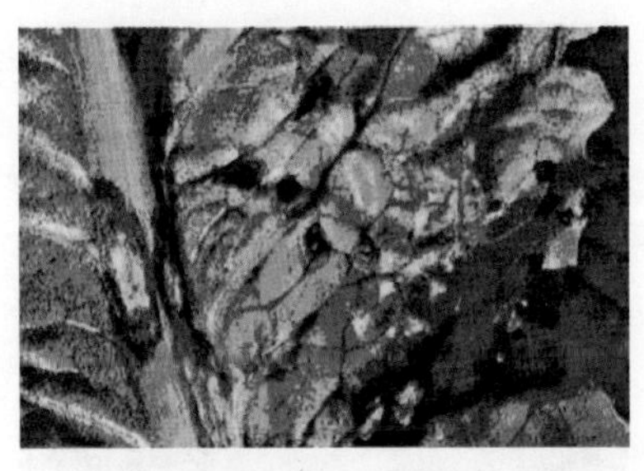

莴苣炭疽病病叶和叶柄上炭疽斑

病原 *Microdochium panattoniana* (Berl.) Suton，Galea & Price，称微座孢，属真菌界子囊菌门微座孢属。在PDA培养基上菌落生长慢，淡粉红色，无气生菌丝，分生孢子纺锤形双胞，无色，大小(9.9～20.1)μm×(3.1～4.6)μm。

传播途径和发病条件 该菌可随种子调运进行远距离传播，在田间主要靠带菌土壤和混有病菌的农家肥传播，病原菌在病残体上或留在土壤中的小菌核越冬。条件适宜时产生分生孢子，借雨水或灌溉水传播蔓延，从气孔或直接穿透叶片表皮侵入。小菌核通过叶片接触、土壤或水滴溅射时传播。天气凉爽、湿度大易发病。

防治方法 ①严格检疫，防止带病种子进入。②对种子进行消毒。③施用发酵好的有机肥。④发病初期喷洒50%醚菌酯水分散粒剂1500倍液或70%代森联水分散粒剂500倍液、75%肟菌·戊唑醇水分散粒剂3000倍液、60%唑醚·代森联水分散粒剂1500倍液。

莴苣、结球莴苣灰霉病

症状 苗期染病，受害茎、叶呈水浸状腐烂。成株染病，始于近地表的叶片，初呈水浸状，后迅速扩大，茎基腐烂，受害处表面上生出灰褐色或灰绿色霉层，即分生孢子梗和分生孢子。天气干燥，病株逐渐干枯死亡，霉层由白变灰变绿；湿度大时从基部向上溃烂，叶柄呈深褐色；留种株花器或花柄受害后呈水浸状腐烂。

病原 *Botrytis cinerea* Pers.：Fr.，称灰葡萄孢，属真菌界子囊菌门无性型葡萄孢核盘菌属。

莴苣灰霉病

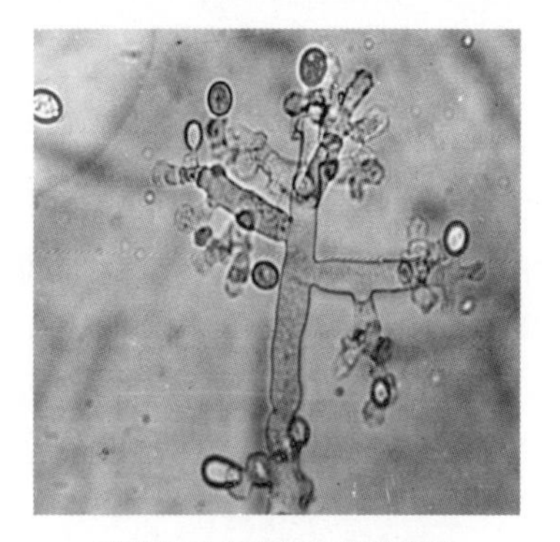

莴苣灰霉病病菌灰葡萄孢菌分生孢子梗和分生孢子

传播途径和发病条件 以菌核或分生孢子随病残体在土壤中越冬。翌年菌核萌发产出菌丝体，其上着生分生孢子，借气流传播蔓延。遇有适温及叶面有水滴条件，孢子萌发产出芽管，从伤口或衰弱的组织上侵入，病部产出大量分生孢子进行再侵染，后逐渐形成菌核越冬。该病发生与寄主生育状况有关，寄主衰弱或受低温侵袭，相对湿度高于94%及适温易发病。

防治方法 ①收获后，及时处理病残体，集中烧毁或深埋；及时深翻，减少菌源。②加强管理，增强抗病力。③棚室喷撒6.5%甲硫·霉威或5%春雷·王铜粉尘剂，每667m^{2}每次1kg。④露地于发病初期喷洒50%啶酰菌胺水分散粒剂1500～2000倍液或50%咯菌腈可湿性粉剂5000倍液、500g/L氟啶胺悬浮剂1500～2000倍液、16%腐霉·己唑醇悬浮剂800～1000倍液或50%嘧菌环胺水分散粒剂800～1000倍液、25%吡唑醚菌酯乳油1200倍液，视病情，隔7～10天1次，连续防治3～4次。

莴苣、结球莴苣菌核病

症状 该病发生于结球莴苣的茎基部，或茎用莴笋的基部。染病部位多呈褐色水渍状腐烂，湿度大时，病部表面密生棉絮状白色菌丝体后形成菌核。菌核初为白色，后逐渐变成鼠粪样黑色颗粒状物。染病株叶片凋萎终致全株枯死。

结球莴苣菌核病病茎上的黑色菌核

莴苣采种株菌核病植株受害状

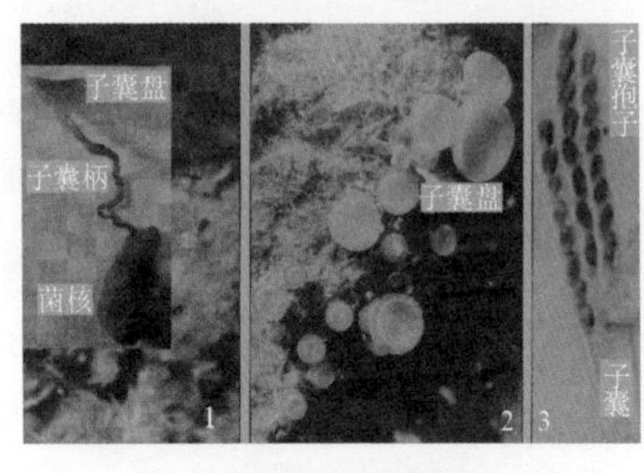

核盘菌形态特征

1—核盘菌菌核萌发产生子囊柄及子囊盘；2—子囊盘；3—子囊孢子

病原 *Sclerotinia sclerotiorum* (Lib.) de Bary，称核盘菌，属真菌界子囊菌门核盘菌属。

传播途径和发病条件 主要以菌核随病残体遗留在土壤中越冬，潮湿土壤中存活1年左右，干燥土壤存活3年以上，水中经1个月即腐烂死亡。菌核萌发后，产生子囊盘，进而形成子囊和子囊孢子。子囊孢子成熟后弹射大量子囊孢子，借气流传播蔓延。初侵染时，子囊孢子萌发产生芽管，从衰老的或局部坏死的组织侵入。当该菌获得更强的侵染能力后，直接侵害健康茎叶。在田间，病、健叶接触菌丝即传病。温度20℃，相对湿度高于85%发病重。湿度低于70%，病害明显减轻。此外，密度过大，通风透光条件差，或排水不良的低洼地块，或偏施氮肥，连作地发病重。

防治方法 ①选用抗病品种。如红叶莴笋、挂丝红、红皮圆叶等带红色的品种较抗病。②培育适龄壮苗，苗龄6～8片真叶为宜。③合理施肥，每667m^{2}施有机肥3000～4000kg、磷肥7.5～10kg、钾肥10～15kg。植株开盘后开始追肥，也可喷洒0.2%～0.5%的复合肥或喷施奥普尔有机活性液肥600～800倍液，增加抗病力。④带土定植，提高盖膜质量，使膜紧贴地面，避免杂草滋生。⑤适期使用黑色地膜覆盖，将出土的子囊盘阻断在膜下，使其得不到充足的散射光，大部分不能完成其发育过程，大幅度减少初侵染概率。及时拔除病株深埋，并与化学防治相结合，但在高温期要注意浇水降温，或推迟定植期避免高温为害。⑥莴苣菌核病重发区，利用春茬菜收获后6～7月的近50天休闲期，深翻25～30cm，灌大水盖地膜，地下10cm处温度可升到44℃，且100%含水量持续20天以上，处理30～35天，可使土壤中菌核腐烂。⑦适时浇水和放风，生长前期和发病后适当控制浇水，选择晴天上午浇水，并及时放风排湿，阴雨天也要放风，夜间最低气温高于8℃可整夜放风散湿。⑧利用核盘菌分生孢子在33℃以上侵染缓慢或处于休眠状态的特性，于晴天中午关闭棚室通风口使棚温升高到 35 ～ 38℃进行高温闷棚，持续2～3h，然后放风降温排湿，每周 2 ～ 3 次。⑨于早春 3 ～ 4 月和 11 ～ 12 月菌核病发病高峰期浇水前 1 天喷洒 50% 啶酰菌胺（烟酰胺）水分散粒剂 1500 ～ 2000 倍液或 500g/L 氟啶胺悬浮剂 1500 ～ 2000 倍液、75% 肟菌・戊唑醇水分散粒剂 3000 倍液、50% 嘧菌环胺水分散粒剂 900 ～ 1000 倍液。⑩棚室保护地采用粉尘法或烟雾法，粉尘法可选用 6.5% 万霉灵粉尘剂和 5% 霜克粉尘剂（1：1 混合），每 $667m^2$ 每次用药 2.5 ～ 3kg，烟雾法可选用 20% 百・腐烟剂，每 $667m^2$ 每次用药 250 ～ 300g。

莴苣、结球莴苣小核盘菌菌核病

症状 莴苣、莴笋小核盘菌菌核病主要分根腐和茎基腐两种类型。根腐型，根部被小核盘菌侵染后，在茎基部产生繁茂的白色菌丝，逐渐形成很多白色小颗粒，其上溢有水滴，后小颗粒变为黑色菌核，有时很多菌核联结成块状，根部腐烂；茎基腐型，主要侵染茎基，初茎基部发生病变，幼嫩莴苣染病，植株下部菌丝向上扩，速度快，病株迅速软腐倒伏。

病原 *Sclerotinia minor* Jagger，称小核盘菌，属真菌界子囊菌门小核盘菌属。在湖北西南，除侵染茎用莴苣、叶用莴苣外，还可侵染油菜、萝卜、豌豆、紫云英等。

莴苣小核盘菌菌核病（李国庆）

传播途径和发病条件 病菌以菌核附着在病株上越夏或越冬，翌春菌核萌发长出菌丝，从莴苣的根或茎基部侵入，病部向地上部扩展蔓延。病株倒伏后又通过病、健株接触传染，在病害扩展过程中，繁茂的菌丝产生大量菌核，由于耕翻土地菌核落入土壤中，成为翌年初侵染源。

防治方法 ①实行水旱轮作或与其他蔬菜轮作。②国外报道的用细顶棍孢霉（*Sporidesmium sclerotivorum*）能有效地抑制菌核病，可进一步示范推广。③选用抗病品种。万利包心生菜、爽脆包心生菜，对小核盘菌较抗病。④培育适龄壮苗，苗龄 6 ～ 8 片真叶为宜。⑤提倡施用酵素菌沤制的堆肥或每 $667m^2$ 施磷肥 7.5 ～ 10kg、钾肥 10 ～ 15kg，植株开盘后开始追肥，也可喷洒 0.2% ～ 0.5% 的复合肥增加抗病力。⑥带土定植，提高盖膜质量，使膜紧贴地面，避免杂草滋生。⑦适期使用黑色地膜覆盖，将出土的子囊盘阻断在膜下，使其得不到充足的散射光，大部分不能完成其发育过程，大幅度减少初侵染概率。及时摘除病叶或拔除病株深埋，并与化学防治相结合，但在高温期要注意防止地膜吸热灼苗，必要时可在膜上撒一层细土，或浇水降温，或推迟定植期避免高温为害。⑧发病初期浇水前1天喷洒50%啶酰菌胺水分散粒剂1500～2000倍液、40%菌核净可湿性粉剂500倍液，隔7～10天1次，连续防治3～4次。⑨棚室栽培的可采用烟雾法或粉尘法，具体方法参见莴苣、结球莴苣菌核病。

莴苣、结球莴苣白粉病

症状 主要为害叶片。初在叶两面生白色粉状霉斑，扩展后形成浅灰白色粉状霉层平铺在叶面上，条件适宜时彼此连成一片，致整个叶面布满白色粉状物，似铺上一层薄薄的白粉。该病多从种株下部叶片开始发生，后向上部叶片蔓延，整个叶片呈现白粉，致叶片黄化或枯萎。后期病部长出小黑点，即病原菌闭囊壳。

结球莴苣白粉病

病原 *Podosphae fusca*（Fr.）U. Braum et S. Shishkoff，称棕丝叉丝单囊壳，属真菌界子囊菌门叉丝单囊壳属。

传播途径和发病条件 病菌以闭囊壳在莴苣或其他寄主病残体上或以菌丝在棚室内活体莴苣属寄主上越冬。翌年5～6月，以闭囊壳越冬的放射出子囊孢子，以菌丝在被害株上越冬的产出分生孢子，借气流传播，进行初侵染和再侵染。落到叶面上的分生孢子遇有适宜条件，孢子发芽产生侵染丝从表皮侵入，在表皮内长出吸孢吸取营养。叶面上匍匐状的菌丝体在寄主外表皮上不断扩展，产生大量分生孢子进行重复侵染。分生孢子在10～30℃均可萌发，20～25℃最适。遇有16～24℃、相对湿度高易发病。栽植过密、通风不良或氮肥偏多发病重。

防治方法 发病初期喷洒10%多抗霉素水剂800倍液或30%醚菌酯可湿性粉剂1500倍液、20%唑菌酯悬浮剂900倍液、25%乙嘧酚悬浮剂900倍液、12.5%腈菌唑乳油2000倍液、40%氟硅唑乳油4000倍液，每667m^2喷兑好的药液50L，隔10～20天1次，防治1～2次。

莴苣、结球莴苣锈病

症状 莴苣锈病主要发生在广东、广西、云南等地栽培或野生莴苣上，为害叶片。初在叶面产生许多鲜黄色至橘红色的帽状锈孢子器，叶背对应部位产生隆起的小疱，很多帽状锈孢子器聚集在一起形成1.5cm

的病斑。表皮破裂后散出黑褐色粉末，即病原菌的冬孢子，致病叶黄枯而死。

莴苣锈病及锈孢子器

病原 *Puccinia minussensis* Thümen，称米努辛柄锈菌，属真菌界担子菌门柄锈菌属。

传播途径和发病条件 病菌在北方以冬孢子在病残体上越冬，南方则以夏孢子在莴苣上辗转为害或在活体上越夏或越冬。翌年夏孢子随气流传播进行初侵染和再侵染，夏孢子萌发后从表皮或气孔侵入，气温16～26℃，多雨高湿易发病，气温低、肥料不足及生长不良发病重。

防治方法 ①与非菊科蔬菜实行2～3年轮作。②施足有机肥，增施磷钾肥提高寄主抗病力。③加强田间管理，栽植密度适当，雨后及时排水，防止湿气滞留。④发病初期喷洒30%苯醚甲·丙环乳油2500倍液或12.5%烯唑醇可湿性粉剂2000倍液、30%氟硅唑微乳剂4000倍液、18%戊唑醇微乳剂1500倍液，隔10天左右1次，连续防治2～3次。

莴苣、结球莴苣穿孔病

症状 莴苣穿孔病又称环斑病、炭疽病。主要为害老叶片。先在外层叶片的基部产生褐色较密集小点，多达百余个，扩展后形成圆形至椭圆形或不规则形病斑，直径4～5mm。有的融合成大斑，病斑中央浅灰褐色，四周深褐色，稍凸起，叶背病斑边缘较宽，向四周呈弥散性侵蚀。后期病斑经常发生环裂或脱落穿孔，有的为害叶脉和叶柄，病斑褐色梭形，略凹陷，后期病斑纵裂。发病早的外叶先枯死，后向内层叶片扩展，严重的整株叶片染病，致全株干枯而亡，病斑边缘产生粉红色的子实体。

结球莴苣穿孔病

病原 *Marssonina panattoniana* (Berl.) Magn.，称莴苣盘二孢菌，属真菌界子囊菌门盘二孢属。分生孢子盘暗褐色至黑色，埋生在莴苣表皮角质层下，呈点状略突起，四周与菌丝层连接，分生孢子梗无色、不分枝，圆柱形或倒钻形，单生，呈栅状排列，大小（12.5～17.5）μm×

（2.5～3）μm；分生孢子无色，长卵形或近梭形，向一方稍弯曲，两端较尖，具1横隔膜，均分不一，一个细胞大另一个小，基细胞短且瘦，偶生3细胞者，分隔处缢缩。

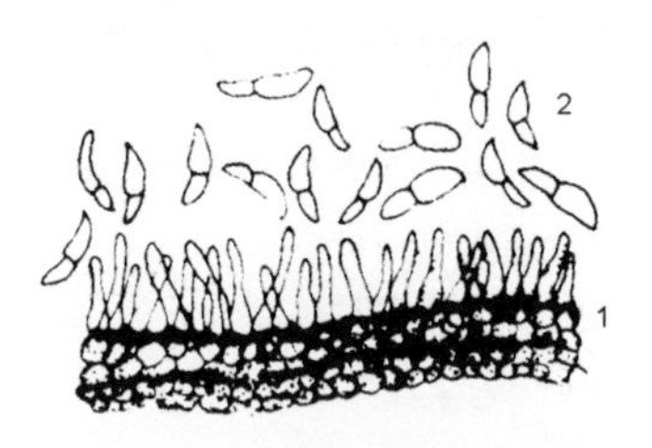

莴苣穿孔病病菌
1—分生孢子梗；2—分生孢子

传播途径和发病条件 病菌主要以菌丝体或分生孢子盘在病叶上或随病残体在土壤中越冬。翌年产生新的分生孢子，借风雨及水滴飞溅传播，侵入新的叶片进行初侵染和再侵染，夏季高温多雨易发病，早春受冻及阴雨多、气温低的年份发病重。新疆5～6月发生。露地栽培时易发病，有时偶然发生。

防治方法 ①收获后及时清除病叶，集中烧毁或深埋，以减少初侵染源。②实行3年以上轮作，加强田间管理。③发病初期喷洒25%咪鲜胺乳油1000倍液或22.7%二氰蒽醌悬浮剂500倍液、50%异菌脲可湿性粉剂1000倍液，隔7～10天1次，连续防治2～3次。

莴苣、结球莴苣斑枯病

症状 叶片上产生不规则形至多角形浅褐色的斑点，后渐扩展成圆形至不规则形的病斑，直径2～7mm，灰褐色至深褐色，多数病斑边缘为暗褐色，轮纹不清晰，上生黑色小点。

莴苣斑枯病

病原 *Septoria lactucae* Passerini，称莴苣壳针孢，属真菌界子囊菌门壳针孢属。

传播途径和发病条件 寒冷地区，病菌随病残体在土中越冬。以分生孢子进行初侵染和再侵染，借气流传播蔓延。在温暖地区，靠分生孢子辗转为害。长势弱的植株及冻害或管理不善易发病。

防治方法 ①选用玻璃生菜、软尾生菜、红叶生菜、鲫爪、雁翎等莴苣和白皮尖叶莴笋、尖叶莴笋、鱼肚莴笋等耐寒性品种，可减轻发病。②发病初期喷洒10%苯醚甲环唑水分散粒剂900倍液或40%百菌清悬浮剂500倍液、50%异菌脲可湿性粉剂900倍液、20%唑菌酯悬浮剂900倍液，每667m^2用兑好的药液50L，隔7～10天1次，连续防治2～3次。

莴苣、结球莴苣褐腐病

症状 多在近地面叶柄处发病。病部初为褐色坏死斑，后延及整个叶柄，溢出深褐色汁液，天气干燥，病部仅局限一处呈褐色凹陷斑。条件适宜时为害叶球，致整个叶球呈湿腐糜烂状。病部常产生网状菌丝体或褐色菌核。

莴苣褐腐病叶柄处变褐

病原 *Thanatephorus cucumeris*（A. B. Frank）Donk，称瓜亡革菌，属真菌界担子菌门亡革菌属。担子腰鼓形或亚圆筒形，顶生 4 个小梗。孢子椭圆形、壁薄，顶端具平切状突起。无性态 *Rhizoctonia solani* Kühn，称立枯丝核菌，属真菌界担子菌门丝核菌属。

传播途径和发病条件 病原菌在土壤中习居，菌丝与寄主接触后通过气孔侵入。田间日均温 20℃以上，且湿度大或积水发病重。

防治方法 ①选择高燥地块种植，防止地表湿度过大，避免栽植过密，保持田间通风透光。②雨后及时排水。③结合防治其他病害，可在发病初期喷洒 30% 苯醚甲环唑 · 丙环唑乳油 2000 倍液，或 66% 二氰蒽醌水分散粒剂 1800 倍液、1% 申嗪霉素水剂 700 倍液。

莴苣、结球莴苣根霉烂叶病

症状 主要为害叶片。受害叶叶缘呈黑褐色腐烂；心叶受害全叶变黑腐烂。湿度大时病部长满黑色霉是本病重要病症，严重的叶片变黑腐烂。

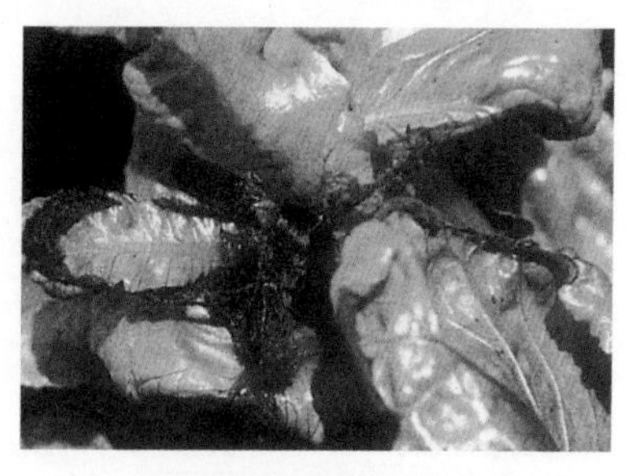

结球莴苣根霉烂叶病症状

病原 *Rhizopus nigricans* Ehrenb.，称匍枝根霉，异名 *R.stolonifer*（Ehrenb.et Fr.）Vuill，属真菌界接合菌门根霉属。

传播途径和发病条件 病菌以菌丝体和孢囊梗随病残体遗落在土壤中或在腐败的有机物上腐生或越冬。条件适宜时孢子囊中产生的孢囊孢子借气流传播，从伤口侵入进行初侵染和再侵染。植株长势弱，伤口多或天气温暖潮湿易发病。

防治方法 ①种植莴苣前，将所有病残体集中烧毁或沤肥，以减少菌源。②栽植密度适当，精心管理，减少伤口，避免病菌侵入；雨后及时排水，防止湿气滞留，保护地特别注意通风散湿，防止该病发生。③发病初期喷洒10%苯醚甲环唑水分散粒剂900倍液、54.5%噁霉·福可湿性粉剂700～800倍液、1%申嗪霉素悬浮剂80ml/667m² 兑水喷雾。

莴苣、结球莴苣细菌性叶斑病

症状 又称黑腐病。主要为害肉质茎，也为害叶片。肉质茎染病，受害处先变浅绿色，后转为蓝绿色至褐色，病部逐渐崩溃，从近地面处脱落，全株矮化或茎部中空；叶片染病，生不规则形水渍状褐色角斑，后变淡褐色干枯呈薄纸状，条件适宜时可扩展到大半个叶子，周围组织变褐枯死，但不软腐。

奶味莴苣细菌性叶斑病

结球莴苣细菌性叶斑病为害叶球状

病原 *Xanthomonas campestris* pv. *vitians*（Brown）Dye，称油菜黄单胞菌莴苣细菌叶斑病黄单胞菌，异　名 *Xanthomonas vitians*（Brown）Dowson、*Bacterium vitians* Brown，属细菌界薄壁菌门。

传播途径和发病条件 病菌在病残体上或种子内越冬。翌年从幼苗叶片的气孔或叶缘水孔、伤口处侵入，细菌侵入后形成系统侵染。远距离传播主要靠种子，在田间借雨水、昆虫、肥料传播蔓延，高温高湿条件下易发病，地势低洼、重茬及害虫为害重的地块发病重。

防治方法 ①与葱蒜类、禾本科作物实行2～3年以上轮作。②施用酵素菌沤制的堆肥或生物有机复合肥。选用无病种子，雨后及时排水，注意防治地下害虫。③发病初期开始喷洒90%新植霉素可溶性粉剂4000倍液或72%农用高效链霉素可溶性粉剂3000倍液、20%叶枯唑可湿性粉剂600倍液、3%中生菌素可湿性粉剂600倍液，每667m² 用兑好的药液50L，隔10天左右1次，防治1次或2次。

莴苣、结球莴苣细菌叶缘坏死病

症状 外侧叶片或心叶边缘产生褐色区，有的坏死，有的波及叶脉，组织坏死后，易被腐生菌寄生。叶片失水过多表现叶色淡、脉焦或叶脉间坏死，叶片水分严重不足，出现叶焦或叶缘烧焦或干枯。

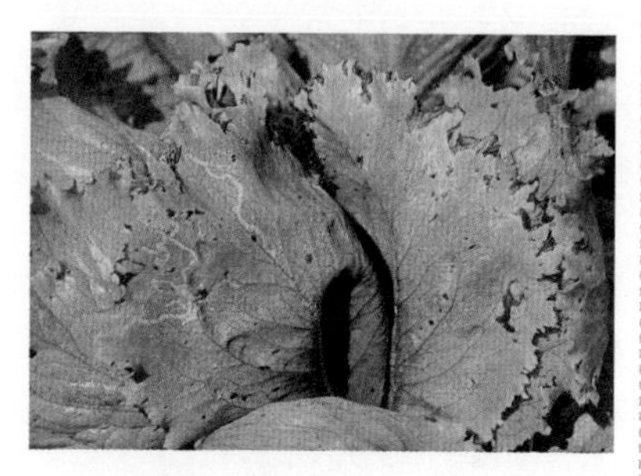

结球莴苣细菌叶缘坏死病病叶

病原 *Pseudomonas cichorii* (Swingle) Stapp.，称菊苣假单胞菌（菊苣叶斑病假单胞菌），属细菌界薄壁菌门荧光假单胞菌。除为害莴苣外，还可侵染菊苣、卷心菜、花椰菜、番茄、芹菜、茼蒿等。

传播途径和发病条件 莴苣、结球莴苣在叶片失水情况下，被该菌侵染后，引起健康组织的病变，但它们毕竟是后来腐生上来的，在坏死组织里繁殖、蔓延。尤其是遇有低湿高温时，会使叶片中水分耗尽，致叶片边缘细胞死亡；根系吸收水分过少时，也会产生类似的症状，使水分运输受到抑制。此外，根系生长弱、土壤干燥和低温、盐分浓度高等诸因素，均可使植株水分吸收受阻，尤其是成株，由于叶片多且大，失水多易出现上述症状。

防治方法 ①保持土壤湿润和含水量适宜，避免温度过高、过低，可防止该病发生和蔓延。②保护根系功能正常，相对湿度不宜长时间过高，尽量保持湿度正常，增加空气流通，有助于阻止叶片受到伤害。通风适当，使叶中水分散失。③土壤盐分含量不宜过高。④提倡施用堆肥或腐熟有机肥。⑤播种后1个月于发病初期开始喷洒77%氢氧化铜可湿性粉剂500倍液或90%新植霉素可溶性粉剂4000倍液，每667m^{2}用兑好的药液50L，隔10天1次，防治2～3次。

莴苣、结球莴苣细菌软腐病

症状 莴苣软腐病又称水烂，为害结球莴苣肉质茎或根茎部。肉质茎染病，初生水浸状斑，深绿色不规则形，后变褐色，迅速软化腐败。根茎部染病，根茎基部变为浅褐色，渐软化腐败，病情严重时可深入根髓部或结球内。

立叶莴苣细菌软腐病

病原 *Pectobacterium carotovora* subsp. *carotovora* (Jones) Bergey et al.，称胡萝卜果胶杆菌胡萝卜亚种，属细菌界薄壁菌门。病菌生长适温25～30℃，最高38～39℃，最低

4℃，致死温度 48 ～ 51℃。

传播途径和发病条件 病菌随病残体留在土中越冬，借雨水飞溅、水流及昆虫传播，从伤口侵入。气温 27 ～ 30℃、多雨条件下易发病，连作田、低洼积水、闷热、湿度大发病重。

防治方法 ①重病地区或重病田应与禾本科作物实行 2 ～ 3 年轮作，低洼田块应采用垄作或高畦栽培，严禁大水漫灌，病害流行期宜控制浇水。②精细管理，田间尽量避免产生伤口，发现病株集中深埋或烧毁。③发病初期喷洒药剂同莴苣、结球莴苣细菌性叶斑病。④储运期要注意通风降温。

莴苣、结球莴苣病毒病

症状 苗期发病，出苗后半个月显症。第一片真叶现淡绿色或黄白色不规则形斑驳，叶缘不整齐，出现缺刻。二、三片真叶染病，初现明脉，逐渐现黄绿相间的斑驳或不大明显的褐色坏死斑点及花叶。成株染病，症状有的与苗期相似，有的细脉变褐，出现褐色坏死斑点，或叶片皱缩，叶缘下卷成筒状，植株矮化。采种株染病，病株抽薹后，新生叶呈花叶状或出现浓淡相间绿色斑驳，叶片皱缩变小，叶脉变褐或产生褐色坏死斑，致病株生长衰弱，花序减少，结实率下降。

病原 已知有 3 种，即莴苣花叶病毒 *Lettuce mosaic virus*（LMV）、蒲公英黄花叶病毒 *Dandelion yellowmosaic virus*（DaYMV）和黄瓜花叶病毒（CMV）。LMV 属马铃薯 Y 病毒科马铃薯 Y 病毒属。粒体线状，长约 750nm，稀释限点 10 ～ 100 倍，体外保毒期 2 ～ 3 天，失毒温度 55 ～ 60℃，可由汁液接触或蚜虫传毒，病株或种子带毒。除侵染莴苣外，还侵染山莴苣、蒲公英、菠菜等。蒲公英黄花叶病毒属伴生病毒科伴生病毒属，粒体球状，直径 30nm，稀释限点 1000 ～ 10000 倍，体外保毒期 24h，失毒温度 65 ～ 70℃，主要靠蚜虫和种子传毒，汁液接触侵染率不高。

莴苣病毒病症状

传播途径和发病条件 毒源来自田间越冬的带毒莴苣、莴笋或种子。播带毒的种子，苗期发病，在田间通过蚜虫或汁液接触传染，桃蚜传毒率最高，萝卜蚜、棉蚜、大戟长管蚜也可传毒。该病发生和流行与气温有关，旬均温 18℃以上，病害扩展迅速。

防治方法 ①选用抗病品种，种植无病种子。紫叶型莴苣种子的带毒率比绿叶型低。②适期播种，播前、播后及时铲除田间杂草。③有条件的采用防虫网，防止传毒蚜虫，以减少传毒。④浸种。播种前用0.5%香菇多糖水剂600倍液浸种20～30min，晾干后播种，对控制种传病毒病有效。⑤发病初期喷洒1%香菇多糖水剂500倍液。

莴苣、结球莴苣巨脉病毒病

症状 莴苣巨脉病毒病是露地栽培时的常发病害。初呈明脉状，脉间叶组织凹凸不平，呈疱状或产生斑驳；叶脉粗大，竖立、皱缩；叶脉失绿变白，出现明显的亮绿色至苍白色脉带，叶脉四周部分透亮，伸向叶片基部。“脉带”是该病特有症状，称为巨脉病或大叶脉，后期病叶卷曲、皱缩，病株矮小，生长受阻，不能形成正常叶球，失去商品价值。

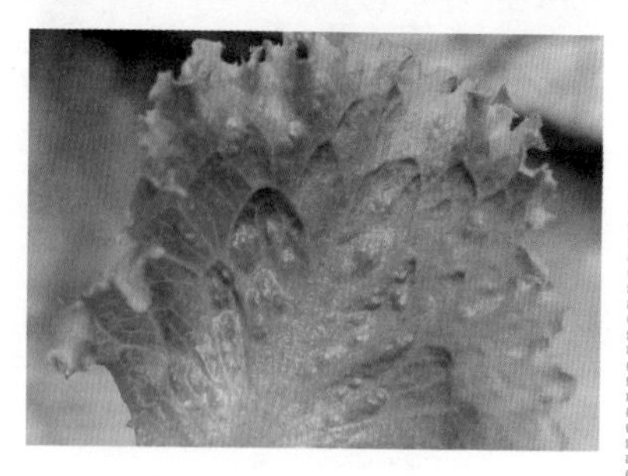

莴苣巨脉病毒病

病原 *Lettuce big vein virus*（LBVV），称莴苣巨脉病毒，属巨脉病毒属。

传播途径和发病条件 该病主要靠土壤中芸薹油壶菌的游动孢子传播，侵入根部以后释放病毒，经4～5周显症，该菌传播的巨脉病毒可从豌豆、菠菜、韭菜、大黄和车钱等植物上分离到。油壶菌可在土壤中存活10年，育苗时，如基质带毒，莴苣染病后4周显症，一般不易发现。但病株如栽植到营养液膜系统中，油壶菌会产生大量游动孢子，迅速传播蔓延。此外，汁液接种到根部也可传毒。气温14℃症状严重，24℃时则潜隐，连作地易发病。

防治方法 ①该病在经常种植莴苣的地块易发生，生产上应实行2～3年轮作。②苗床消毒，播前苗床用50%甲基硫菌灵消毒，每平方米用药8～9g，与筛好的堰土充分拌匀，撒在床面上，后进行育苗，有一定防治作用。③采用无土栽培的，可在营养液中加入0.1%的50%多菌灵可湿性粉剂，也可有效地防治本病。④田间可采用遮阳网，降低田间温度，切忌温度过高。

莴苣、结球莴苣根结线虫病

症状 染病初期症状不明显，根结积累到一定程度，夏秋季中午植株萎蔫，后期病株矮小，不结球或疏散球状，拔出病株，可见根部长出很多圆形至长圆形根结。

病原 *Meloidogyne incognita*（Kofoid and White）Chitwood，称南方根结线虫，属动物界线虫门。

结球莴苣根结线虫病（郑建秋摄）

线虫形态特征、传播途径和发病条件、防治方法参见菠菜根结线虫病。

莴苣、结球莴苣干烧心病（顶腐病）

症状 结球莴苣进入结球期后，球叶呈灰白色薄纸状，稍向外卷，逐渐扩大，严重的多层球叶叶缘处坏死，干缩后呈薄纸状，叶球松散，降低品质或失去食用价值。

病因 是生理病害。一是生长期气温高，水肥供应不均衡；二是生理缺钙或有效钙供应不足，都易诱发该病。

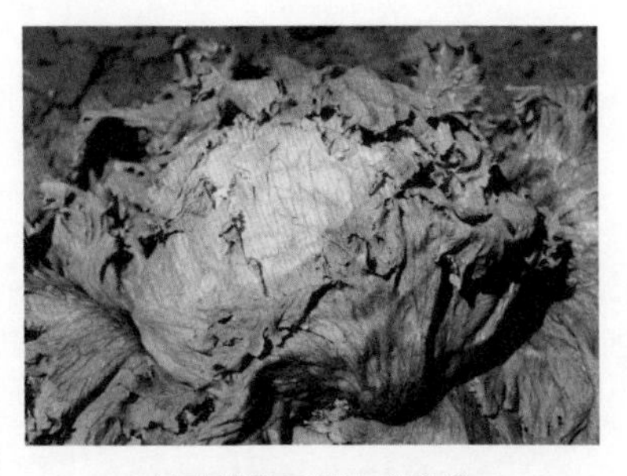

结球莴苣干烧心病病株

防治方法 选择肥水条件好的地块栽植，采用配方施肥技术，注意氮磷钾配合施用，适当补钙、补锰。补钙时可用 0.7% 氯化钙加 20000 倍萘乙酸，补锰时心叶喷洒 0.7% 硫酸锰。

六、油麦菜（长叶莴苣）病害

油麦菜 学名 *Lactuca sativa* var. *longifolia* Lam.，又称长叶莴苣、长叶生菜、直立生菜。主要特征是叶片狭长，直立生长，叶全缘或有锯齿。是近年备受消费者欢迎的绿叶蔬菜。

油麦菜尾孢叶斑病

症状 病斑生在叶片的正背两面。叶面病斑圆形、近圆形至不规则形，宽 1 ～ 8mm，浅褐色至褐色，中央灰白色，边缘黄褐色，叶背病斑颜色稍浅。

油麦菜（长叶莴苣）尾孢叶斑病

病原 *Cercospora lactucae-sativae* Sawada，称莴苣尾孢，属真菌界子囊菌门尾孢属。

病菌形态特征、病害传播途径和发病条件、防治方法参见莴苣、结球莴苣尾孢叶斑病。

油麦菜霜霉病

症状、病原、传播途径和发病条件、防治方法参见莴苣、结球莴苣霜霉病。

油麦菜霜霉病叶背面的孢囊梗和孢子囊

油麦菜菌核病

症状、病原、传播途径和发病条件、防治方法参见莴苣、结球莴苣菌核病。

油麦菜菌核病茎基部的白色菌丝和菌核

油麦菜灰霉病

症状、病原、传播途径和发病条件、防治方法参见莴苣、结球莴苣灰霉病。

油麦菜灰霉病茎基部染病症状

油麦菜细菌性叶斑病

症状 主要为害叶片。初在叶上现橘红色近圆形小点，后扩展成近圆形或不规则形橘红色至暗褐色坏死斑，略凹陷，后期易破裂穿孔，严重的叶上布满病斑或多个病斑融合，致叶片干枯。

油麦菜（长叶莴苣）细菌性叶斑病

病原 *Pseudomonas fluorescens* biovar Ⅱ（Trevisan）Migula，称假单胞杆菌荧光假单胞杆菌生物型Ⅱ细菌，属细菌界薄壁菌门。菌体杆状，短链生，有荚膜，无芽胞，大小（0.42 ～ 1.25）μm×（0.83 ～ 2.08）μm。1 ～ 3 根极生鞭毛，革兰氏染色阴性，好气性。

传播途径和发病条件 病菌随病残体或带菌种子越冬。条件适宜时从长叶莴苣叶片气孔、水孔或伤口侵入，并形成系统侵染，靠带菌种子及借雨水或昆虫及带菌肥料传播扩展，高温高湿有利该病发生，适温为 25 ～ 26℃，最高 38℃，地势低洼、土壤黏重或湿气滞留发病重。

防治方法 ①提倡与禾本科作物进行 2 ～ 3 年轮作，播前种子用种子重量 0.3% 的 47% 春雷·王铜可湿性粉剂拌种。②提倡施用生物有机肥或腐熟的有机堆肥。③加强管理，雨后及时排水，保护地要特别注意通风散湿，防止湿度过高或持续时间长。④发病初期喷洒 90% 新植霉素可溶性粉剂 4000 倍液或 20% 噻菌铜悬浮剂 600 倍液、77% 氢氧化铜可湿性粉剂 500 倍液、20% 叶枯唑 600 倍液、3% 中生菌素可湿性粉剂 600 倍液。

油麦菜病毒病

症状 全生育期均可发病，前期发病早的对产量影响大。苗期染病，长出几片真叶后即显症，叶上出现浅绿色和深绿色花叶斑驳。有时现明脉，叶片皱缩扭曲。成株染病，病株明显矮化，叶片不规则扭曲。

油麦菜病毒病

病原 *Lettuce mosaic virus*（LMV），称莴苣花叶病毒；*Cucumber mosaic virus*（CMV），称黄瓜花叶病毒。莴苣花叶病毒属马铃薯Y病毒科马铃薯Y病毒属。粒体线状，长750nm，稀释限点10～100倍，体外保毒期2～3天，失毒温度55～60℃，可通过汁液接触或蚜虫传毒。

传播途径和发病条件 毒源来自邻近菜田带毒的莴苣、莴笋、菠菜等。种子也可带毒，出苗后即见发病。田间主要靠蚜虫传播，病、健株接触摩擦时病株汁液也传毒。桃蚜传毒率最高，萝卜蚜、瓜蚜、大戟长管蚜也可传毒。该病发生和扩展与天气相关，高温干旱、蚜虫多受害重。一般均温高于18℃、田间缺水，病害扩展很快。

防治方法 ①选用抗病品种。②夏、秋种植时，采用防虫网或遮阳网或塑料薄膜上适当遮阳可减轻发病。③出苗后小水勤浇，适当蹲苗，发现蚜虫及时防治。④发病初期喷洒2%宁南霉素水剂500倍液或1%香菇多糖水剂500倍液。

七、花叶莴苣（花叶生菜）病害

花叶莴苣菌核病

症状 花叶莴苣菌核病是全株性病害。初发病时中间叶片的尖端呈水渍状后变褐，有的从基部叶柄处变褐，后向上沿叶扩展，致先端呈水渍状，扒开病株可见基部已全部或部分变褐，现很多白色菌丝和由菌丝纠结成的黑色鼠粪状菌核，严重的整株瘫作一团。

花叶莴苣（花叶生菜）菌核病
发病初期症状

花叶莴苣菌核病茎基部的菌丝和菌核

病原 *Sclerotinia sclerotiorum*（Lib.）de Bary，称核盘菌，属真菌界子囊菌门核盘菌属。

病菌形态特征、病害的传播途径和发病条件参见莴苣、结球莴苣菌核病。

防治方法 ①选用抗病品种。②起垄或采用高畦栽培，不可过密。③反季节栽培的早春、晚秋气温低、空气湿度大时，浇水安排在晴天上午，下午、傍晚都不宜浇水。浇水量不可过大，防止地温降低，影响根系正常生长和吸收养分，容易增加大棚内湿度造成菌核病流行。在浇水的当天，要关闭大棚升温，促进地温升高后及时排湿，使棚内空气湿度降到适宜范围内，可减少发病。④保护地用15%腐霉利·百菌清烟剂，每100m^3用烟雾剂30～40g，也可用粉尘剂，每667m^2用1kg。⑤发病初期浇水前1天喷洒50%嘧菌环胺水分散粒剂900倍液或50%异菌脲可湿性粉剂1000倍液、50%啶酰菌胺水分散粒剂1500倍液，轮换使用。

花叶莴苣软腐病

症状 多发生在菊苣生长中后期或结球始期。常从植株基部伤口处侵入，初呈半透明浸润状，后病部迅速扩大，波及半个球茎，形状不规则，多呈水渍状褐色黏稠状，具恶臭味。

花叶莴苣细菌软腐病病株

病原 *Pectobacterium carotovora* subsp. *corotovora*（Jones）Bergey et al.，称胡萝卜果胶杆菌胡萝卜致病型，属细菌界薄壁菌门。

病害传播途径和发病条件、防治方法参见莴苣、结球莴苣细菌软腐病。

花叶莴苣褐腐病

症状 主要为害花叶莴苣、菊苣幼苗根茎部。主根变褐缢缩，使幼苗立枯而死。湿度大时，病部现稀疏的灰白色菌丝；干燥条件下病部皮层易与维管束组织分开脱落，造成植株萎垂，最后干枯。成株染病，引起根、根茎、叶柄变褐腐烂，造成植株萎蔫。

花叶莴苣褐腐病叶片、叶柄腐烂干枯

病原 *Rhizoctonia solani* kühn，称立枯丝核菌，属真菌界担子菌门无性型丝核菌属。

病害传播途径和发病条件、防治方法参见莴苣、结球莴苣褐腐病。

八、菊苣病害

菊苣 学名 *Cichorium intybus* L.，别名苞菜、欧洲菊苣，是菊科菊苣属中多年生草本植物，是野生菊苣的一个变种。嫩叶、叶球和根可作凉拌菜，是欧洲喜食的高档蔬菜，1988年从新西兰引入我国。脆嫩多汁，是21世纪保健蔬菜。

菊苣褐腐病

症状、病原、传播途径和发病条件、防治方法参见莴苣、结球莴苣褐腐病。

菊苣褐腐病病株（右）

菊苣尾孢叶斑病

症状 为害叶片、叶柄。初生红褐色小点，周围退绿，后扩展成近圆形坏死斑，周缘红褐色至灰黑色，中央有一灰白色小点，病斑大小不一。叶柄及主脉染病产生椭圆形至长梭形病斑，略凹陷，湿度大时，病斑上长出灰褐色霉，即病原菌分生孢子梗和分生孢子。

病原 *Cercospora lactucaesativae* Sawada，称莴苣尾孢，属真菌界子囊菌门无性型尾孢属。为害莴苣、长叶莴苣、山莴苣、山苦荬等。

菊苣尾孢叶斑病病叶

传播途径和发病条件 病原真菌以菌丝体和分生孢子在病残体上越冬。条件适宜时产生分生孢子，借风雨传播，进行初侵染和多次再侵染。温暖潮湿或秋季雨日多易发病。植株长势差、偏施氮肥发病重。

防治方法 ①采收后彻底清除病残体，重病地实行与非菊科蔬菜进行轮作，采用测土配方施肥技术，切勿偏施、过施氮肥。②发病初期喷洒30%苯醚甲环唑·丙环唑乳油

2000倍液或1%申嗪霉素悬浮剂800倍液。

菊苣链格孢叶斑病

症状 主要为害叶片。初在外叶上产生灰褐色小斑点，后扩展成圆形至不规则形灰褐色坏死斑，略显轮纹，严重时病斑相互融合成大的斑块，致整个叶片干枯，湿度大时，病斑两面均可产生灰黑色稀疏霉层，即病原菌分生孢子梗和分生孢子。

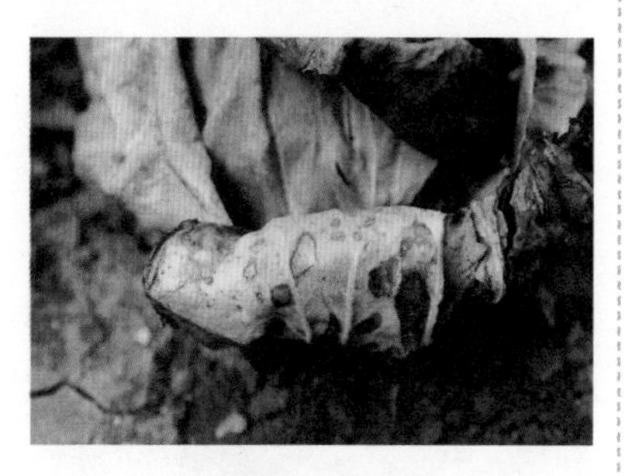

菊苣链格孢叶斑病

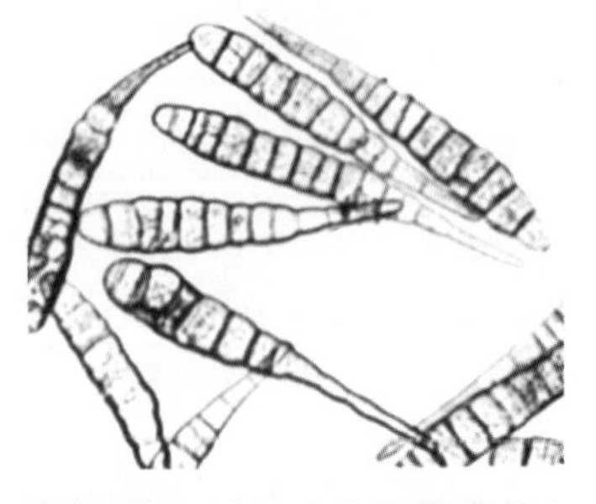

菊苣链格孢叶斑病病菌芸薹生链格孢分生孢子

病原 *Alternaria brassicicola* (Berk.) Sacc.，称芸薹生链格孢，属真菌界子囊菌门链格孢属。

传播途径和发病条件 病菌以菌丝体或分生孢子在病残体或留种株上越冬，也可以分生孢子附在种子表面越冬。翌年分生孢子萌发进行初侵染和再侵染，借气流传播侵染致病。在南方病菌可在田间寄主作物上辗转传播侵染，不存在越冬问题。通常天气冷凉高湿发病较重，偏施、过施氮肥会加重受害。

防治方法 ①发病重地区要与非菊科蔬菜进行2年以上轮作。②增施有机肥和磷钾肥，以增强抗病力，可减少发病。③发病初期喷洒250g/L嘧菌酯悬浮剂1000倍液或50%异菌脲可湿性粉剂900倍液、75%百菌清可湿性粉剂600倍液，防治1次或2次。

菊苣轮纹病

症状 苗期、成株期均可发病，多发生在夏秋露地或棚室。初发病时叶上现褐色小点，多呈水渍状，四周组织稍退绿，有的变黄，后逐渐扩展成不规则形或近椭圆形褐斑，上生同心轮纹，四周具黄晕，后期病斑上长出黑色小粒点，即病原菌的分生孢子器。

病原 *Stagonospora* sp.，称一种壳多孢，属真菌界子囊菌门无性型壳多孢属。

传播途径和发病条件 病菌以分生孢子器随病残体留在土壤中越冬，种子也可带菌。条件适宜时从分生孢子器中释放出分生孢子，通过风雨或灌溉水传播，从气孔或伤口侵入，进行初侵染和多次再侵染，均温18～25℃，相对湿气高于85%易发病。生产上施氮肥过多、栽植过密、湿气滞留发病重。

菊苣轮纹病病斑（郑建秋摄）

防治方法　①实行2～3年轮作。收获后清洁田园以减少菌源。②播种前种子用52℃温水浸种20min或用种子重量0.3%的50%异菌脲或70%甲基硫菌灵可湿性粉剂拌种。③采用配方施肥技术，注意增施磷钾肥。合理密植，雨后及时排水，防止湿气滞留。④发病初期喷洒20%唑菌酯悬浮剂900倍液或25%戊唑醇可湿性粉剂2000倍液、70%代森联水分散粒剂600倍液、50%异菌脲可湿性粉剂800倍液。

菊苣病毒病

症状　整个生育期均可发病，以前期、中期染病受影响大。染病株心叶退绿后叶肉生长缓慢，小叶呈勺状或条状皱缩，颜色浓淡不匀，外叶常表现不均匀的黄绿或浓淡相间斑驳状，歪曲反卷或皱缩畸形，结小球至不结球，病株早早枯死。

菊苣病毒病

病原　主要有莴苣花叶病毒（LMV）和黄瓜花叶病毒（CMV）。

传播途径和发病条件、防治方法　参见莴苣、结球莴苣病毒病。

菊苣干烧心病

症状　菊苣干烧心病又称顶腐病，是一种常发生的生理病害。菊苣进入结球期，在结球过程中，结球心叶边缘出现失水褐变，呈薄纸状，组织坏死，面积不断扩大，后呈红褐色枯死抽缩或干边，出现大型红褐色坏死斑，失去食用价值。发病轻的外部症状不明显，剖开球茎后可见内部球叶叶缘出现干边。

病因　是生理病害。主要是因土壤中供钙不足引起，生产上施用氮肥过多，常抑制对钙肥的吸收，引起缺钙。

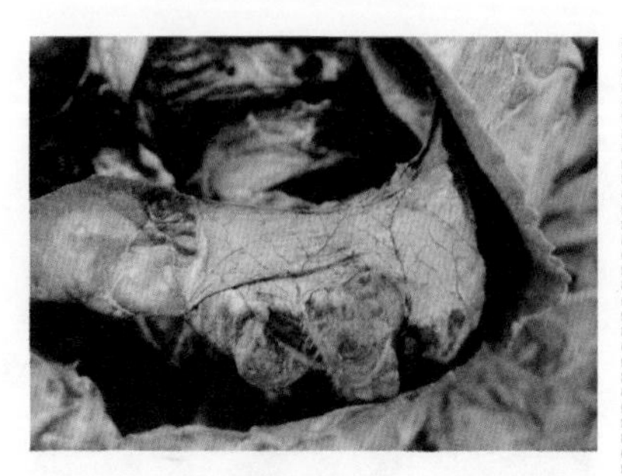

菊苣干烧心病

防治方法 ①选用抗病品种。②采用测土配方施肥技术，施足腐熟有机肥。③加强管理，包心期遇高温干旱，要及时灌溉，结合适量追肥。④发病初期喷洒美林高效钙，7.5kg水中加5g助剂，再加入50g美林高效钙，待溶解后再喷，隔10天1次，连喷2～3次。

九、莴笋（茎用莴苣）病害

莴笋 学名 *Lactuca sativa* var. *angustana* lrish，别名茎用莴苣、莴苣笋、青笋、贡菜等，是菊科莴苣属莴苣种能形成肉质嫩茎的变种，是一、二年生草本植物，是由莴苣演化而来。目前在我国各地栽培。

莴笋霜霉病

症状、病原、传播途径和发病条件、防治方法参见莴苣、结球莴苣霜霉病。

莴笋霜霉病叶面的黄色斑

莴笋霜霉病叶背病斑上的孢囊梗和孢子囊

莴笋匍柄霉叶斑病

症状 初在叶上产生圆形或近圆形黄褐色至褐色具同心轮纹的病斑，大小不一，湿度大时病部易穿孔。

细叶莴笋匍柄霉叶斑病

病原 *Stemphylium chisha* (Nish.) Yamamoto，称微疣匐柄霉，属真菌界子囊菌门微疣匐柄霉属。

传播途径和发病条件、防治方法 参见莴苣、结球莴苣匍柄霉叶斑病。

莴笋尾孢叶斑病

症状 病斑生在叶片的正背两面，圆形、近圆形至不规则形，宽1～8mm。叶正面病斑浅褐色至褐色，中央灰白色，边缘黄褐色至暗褐色，叶背面颜色略浅。

病原 *Cercospora lactucae-sativae* Sawada，称莴苣尾孢，属真菌界子囊菌门尾孢属。

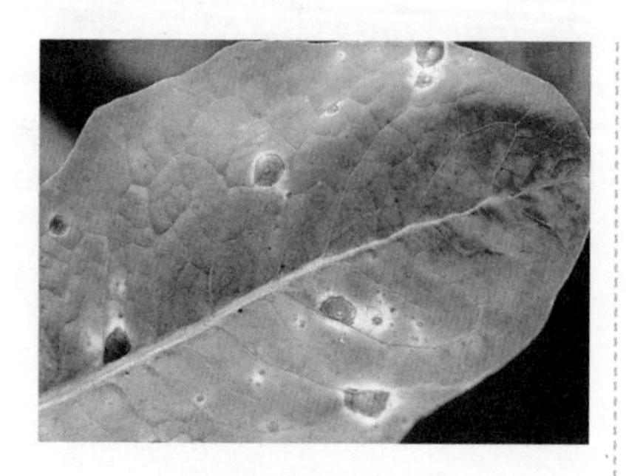

莴苣尾孢叶斑病

传播途径和发病条件、防治方法 参见莴苣、结球莴苣尾孢叶斑病。

莴笋灰霉病

症状 苗期、成株均可发病，为害叶片和茎部。叶片、茎部染病，初呈水渍状腐烂，后病部长出茂密的灰霉，引起整株腐烂或倒折，湿度大时也可长出菌核。

莴笋茎上的灰霉病

病原 *Botrytis cinerea* Pers.：Fr.，称灰葡萄孢，属真菌界子囊菌门葡萄孢核盘菌属。

病害传播途径和发病条件、防治方法参见莴苣、结球莴苣灰霉病。

莴笋菌核病

症状 主要为害莴笋的茎基部，染病后植株退绿变黄后萎蔫枯死，病部多呈水渍状腐烂，后长出浓密的白色菌丝，不久由白色菌丝纠结在一起，产生先是白色后成黑色鼠粪状菌核。

莴笋种株菌核病

病原 *Sclerotinia sclerotiorum*（Lib.）de Bary，称核盘菌，属真菌界子囊菌门核盘菌属。

传播途径和发病条件、防治方法 参见莴苣、结球莴苣菌核病。

莴笋病毒病

症状、病原、传播途径和发病条件、防治方法参见莴苣、结球莴苣病毒病。

莴笋病毒病

莴笋低温障碍

症状 春提早或越冬栽培的莴笋长期处在0℃左右低温时，植株朽住不长或生长十分缓慢，叶色淡，心叶尤淡，心叶凹凸不平、抽缩呈皱缩扭曲状，常被误诊为病毒病。温度低于0℃时，叶缘略呈水渍状，灰绿色至暗绿色，严重的沿叶缘变成褐色，影响笋株生长发育，肉质茎难于形成，造成较大损失。

病因 莴笋属高温感应型蔬菜。春莴笋多在秋季播种育苗，初冬或早春定植，春季收获，播种过早或过晚，越冬时苗子过大或过小均易受冻。幼苗期莴笋生长适温为12～20℃，可耐-6～-5℃低温。莲座期后进入肉质茎形成期，生长适温白天18～22℃，夜间12～15℃，0℃以下即受冻。

莴笋低温障碍

防治方法 ①据各地情况科学确定播种期，适时定植。②人工加温，采用多层覆盖、挂天幕、地膜覆盖等增温措施。③适当控制浇水量，及时松土，每天尽量增加光照时间，连阴天应重视散射光的增温效果。

十、蕹菜病害

蕹菜　学名 *Ipomoea aquatica* Forsk.，别名竹叶菜、空心菜、藤菜等，是旋花科番薯属。以嫩茎、叶为产品的一年生或多年生草本植物。按对水的适应分为旱蕹和水蕹两种。

蕹菜猝倒病

症状　俗称“烂倒”“腐头”。主要为害幼苗的嫩茎。种子在苗床出土前发病引起烂种。子叶展开后染病的，苗基呈浅褐色水渍状，后出现基腐，子叶未凋萎，苗却已猝倒，全株迅速枯死，病株附近成为发病中心，苗床出现大大小小的塌圈，病苗成片猝倒。

蕹菜猝倒病病苗

病原　*Pythium aphanidermatum*（Eds.）Fitzp.，称瓜果腐霉菌，属假菌界卵菌门腐霉属。该菌在年平均气温高的地方出现频率较高，此外 *P.spinosum* Saw.（称刺腐霉）也是该病病原。

传播途径和发病条件　病菌以卵孢子在 12 ～ 18cm 表土层越冬，并在土中长期存活。翌年遇有适宜条件萌发产生孢子囊，以游动孢子或直接长出芽管侵入寄主。此外，在土中营腐生生活的菌丝也可产生孢子囊，以游动孢子侵染幼苗引起猝倒。田间的再侵染主要靠病苗上产出孢子囊及游动孢子，借灌溉水或雨水溅附到贴近地面的根茎上引起发病，病菌侵入后，在皮层薄壁细胞中扩展，菌丝蔓延于细胞间或细胞内，后在病组织内形成卵孢子越冬。病菌生长适宜地温 15 ～ 16℃，温度高于 30℃受到抑制；适宜发病地温 10℃，低温对寄主生长不利，但病菌尚能活动，尤其是育苗期出现低温、高湿条件，利于发病。当幼苗子叶养分基本用完，新根尚未扎实之前是感病期。这时真叶未抽出，碳水化合物不能迅速增加，抗病力弱，遇有雨、雪连阴天或寒流侵袭，地温低，光合作用弱，幼苗呼吸作用增强，消耗加大，致幼茎细胞伸长、细胞壁变薄，病菌趁机侵入。因此，该病主要在幼苗长出 1 ～ 2 片叶发生。福州地区 3 ～ 6 月播种的都会发病，尤以 3 ～ 4 月育苗或棚室地热线温床育苗易发病，该病发生情况与苗床小气候关系密切，其中主要是湿度大、苗床低洼、播种过密不通风、浇水过量床土湿度大、苗床过热易发病。反季节栽培或夏季苗床遇有低温高湿天气或时晴时雨发病重。

防治方法　①选用大鸡白（青叶白壳）、大鸡黄（黄叶白壳）、大鸡青、剑叶、丝蕹、青梗大叶蕹菜等耐风雨或耐寒的品种，可减轻发病。②发病初期喷洒2.5%咯菌腈悬浮剂1000倍液。

蕹菜腐败病

症状　蕹菜腐败病又称立枯病，是全株性病害。发病初期叶片上出现水浸状病斑，后渐扩至叶柄和茎部，产生褐色斑或腐败，后期在叶柄或茎上产生大量暗褐色菌核。

蕹菜腐败病

病原　*Rhizoctonia solani* kühn，称立枯丝核菌，属真菌界担子菌门无性型丝核菌属。

防治方法　发病初期喷淋1%申嗪霉素悬浮剂800倍液。

蕹菜贝克假小尾孢叶斑病

症状　病斑生在叶两面，近圆形，直径5～16mm，黄褐色，正面色深，背面略浅，病斑具细同心轮纹，外围有黄色晕圈，病斑可融合，其上产生白色粉状霉层。

蕹菜贝克假小尾孢叶斑病病叶

病原　*Pseudocercosporella bakeri*（Syd.et P.Syd.）Deighton，称贝克假小尾孢，异名*Ramularia ipomoeae* F. L. Stevesns，均属真菌界子囊菌门无性型。

传播途径和发病条件　在华南病菌无越冬现象，主要借气流和雨水传播，病菌生长适温15～30℃，湿度对其影响不大，田间病残体多，种植过密，偏施、过施氮肥条件下易大发生。

防治方法　①发病重的地块一定要实行水旱轮作。②及时清除病残体，集中深埋或烧毁，以减少菌源。③合理密植，施足腐熟有机肥，用复合肥作追肥，搞好水分管理，增强抗病力。④发病初期喷洒20%三唑酮乳油1000倍液、75%百菌清可湿性粉剂600倍液、10%苯醚甲环唑微乳剂900倍液、250g/L嘧菌酯悬浮剂1000倍液，隔10天左右1次，防治2～3次。

蕹菜茄匍柄霉叶斑病

症状 主要为害叶片。引起圆形至多角形灰褐色或灰白色叶斑，小而多，病斑中部后期退变成灰褐色，斑点脱落后成穿孔。有时也为害叶柄和茎。

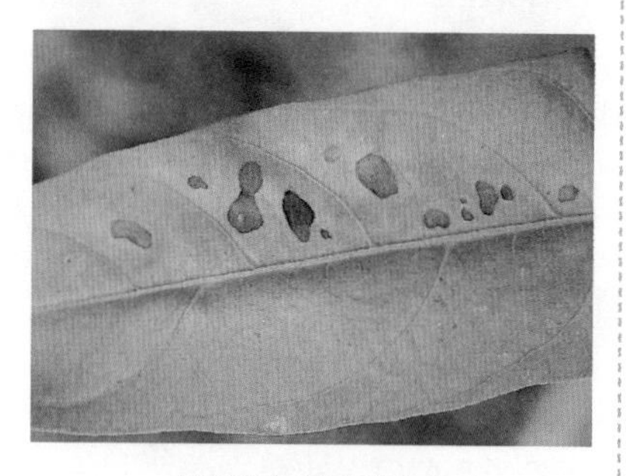

蕹菜茄匍柄霉叶斑病

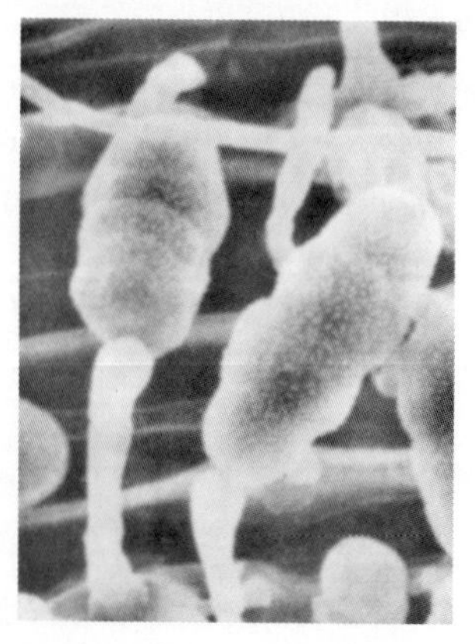

茄匍柄霉分生孢子梗和分生孢子

病原 *Stemphylium solani* Weber，称茄匍柄霉，属真菌界子囊菌门匍柄霉属。

传播途径和发病条件 在南方病菌有性阶段不常见，靠分生孢子辗转传播蔓延。在寒冷地区，病菌以子囊座随病残体在土壤中越冬，产生子囊孢子进行初侵染，后病部产生分生孢子进行再侵染，借气流传播蔓延。

防治方法 ①选用大鸡白、大鸡黄、白壳、丝蕹等耐热品种。②及时清除被害叶和花梗。③加强田间管理，合理密植，雨后及时排水，提高寄主抗病力。④于发病初喷洒10%苯醚甲环唑水分散粒剂900倍液、32.5%苯甲·嘧菌酯悬浮剂1500倍液或75%肟菌·戊唑醇水分散粒剂3000倍液、250g/L嘧菌酯悬浮剂1000倍液、33.5%喹啉酮悬浮剂800倍液、1:1:100倍式波尔多液、30%氧氯化铜悬浮剂800倍液，隔7～10天1次，连续防治3～4次。

蕹菜帝汶假尾孢叶斑病

症状 主要为害叶片。叶片染病，产生圆形或近圆形褐色至深褐色病斑，有清晰轮纹，中央灰白色，病情严重时，病斑多相互融合致叶片成大块状焦枯，别于褐斑病和轮纹病。病部常生稀疏的灰色茸毛状霉，即病原菌分生孢子梗和分生孢子。

病原 *Pseudocercospora timorensis*（Cooke）Daghton，称帝汶假尾孢，异名*Cercospora timorensis* Cooke，称

蕹菜帝汶假尾孢叶斑病病叶上的病斑

帝汶尾孢，属真菌界子囊菌门假尾孢属。

传播途径和发病条件 病菌主要以子座在病残体上越冬。翌年条件适宜时长出分生孢子梗，产生分生孢子，通过风雨或昆虫传播进行初侵染，蕹菜生长期间病斑上不断产生分生孢子进行再侵染。

防治方法 ①选用早熟品种如赣蕹1号、大鸡白、剑叶等耐风雨品种。及时摘除衰老叶片，清除病残体，以减少侵染源。②加强栽培管理，提倡高畦栽培，严防大水漫灌，雨后及时排水。③发病前喷洒20%唑菌酯悬浮剂800倍液或50%多菌灵可湿性粉剂800倍液、75%百菌清可湿性粉剂600倍液、50%多菌灵可湿性粉剂600倍液，隔7～10天1次，连续防治2次。

蕹菜炭疽病

症状 主要为害叶片及茎部，幼苗受害可致死苗。叶片染病，病斑近圆形，暗褐色，斑面微具轮纹，其上密生小黑点，病斑扩大并融合，致叶片变黄干枯；茎上病斑近椭圆形，稍下陷。

病原 *Colletotrichum* spp.，称一种刺盘孢，属真菌界子囊菌门无性型炭疽菌属。

传播途径和发病条件 病菌以菌丝体和分生孢子盘在病组织内越冬，以分生孢子进行初侵染和再侵染，借雨水溅射传播。在生长季节，遇有高温多雨，施用氮肥过多，植株长势过旺，茎叶交叠郁蔽，易发病。

蕹菜炭疽病病叶

防治方法 ①选用早熟新品种，如赣蕹1号、大鸡白、丝蕹等耐风雨品种。结合采收，及时采摘上市，改善植株通透性；②苗床期、成株发病始期喷洒250g/L嘧菌酯悬浮剂1000倍液或32.5%苯甲·嘧菌酯悬浮剂1500倍液、25%咪鲜胺乳油500～1000倍液，隔10天1次，连喷2～3次。

蕹菜菌核病

症状 主要为害茎部和茎基部。发病初期在病部现水渍状褐变，湿度大时长出棉絮状白色菌丝，致病组织腐烂或折倒，后期在菌丝间形成黑色鼠粪状菌核。

病原 *Sclerotinia sclerotiorum*（Lib.）de Bary，称核盘菌，属真菌界子囊菌门核盘菌属。

蕹菜菌核病

传播途径和发病条件 参见芫荽菌核病。

防治方法 ①选用大骨青（青壳）、大鸡青、丝蕹等耐寒品种和大鸡白、大鸡黄、剑叶等耐风雨的品种，可减轻发病。②其他方法参见芫荽菌核病。

蕹菜根腐病

症状 苗期、成株均可发病，成株期发病受害重。初发病时植株稍萎蔫，检视根茎部变为褐色至黑褐色略凹陷，表皮呈湿腐状，湿度大时病部生出稀疏的稍带粉红色的霉状物，即病菌分生孢子梗和分生孢子。严重株经半个月左右即枯死。

病原 *Fusarium solani*（Mart.）Sacc.，称腐皮镰孢菌，属真菌界子囊菌门镰刀菌属。

传播途径和发病条件 病菌以菌丝体或分生孢子在土壤中越冬，病土或带菌肥料成为翌年初始菌源。病部产生的分生孢子进行再侵染，借雨水溅射传播蔓延。种植田低洼或土质黏重易发病。

蕹菜根腐病根部症状

防治方法 ①进行轮作以减轻发病。②施用充分腐熟有机肥，采用起垄种植。③发现病株及时拔除，病穴用54.5%噁霉·福可湿性粉剂700倍液消毒。④发病较重地块，于发病初期喷洒70%噁霉灵可湿性粉剂1500倍液，连续防治2～3次。⑤喷洒6%甲壳素（阿波罗963）水剂1000倍液。

蕹菜灰霉病

症状、病原、传播途径和发病条件、防治方法参见莴苣、结球莴苣灰霉病。

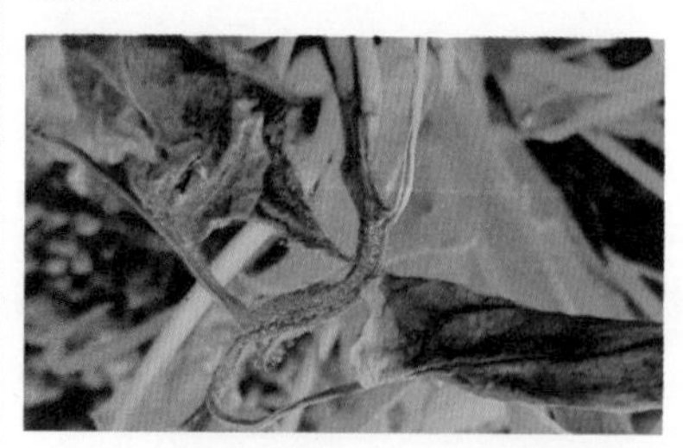

蕹菜灰霉病病茎上的灰霉

蕹菜白锈病

症状 病斑生在叶的两面。叶正面初现淡黄绿色至黄色斑点，后渐变褐，病斑较大。叶背生白色隆起状疱斑，近圆形或椭圆形至不规则形，有时融合成较大的疱斑，后期疱斑破裂散出白色孢子囊。叶片受害严重时病斑密集，病叶畸形，叶片脱落。茎被害肿胀畸形，直径增粗1～2倍，内含大量卵孢子。

蕹菜白锈病病叶面白色疱斑

蕹菜旋花白锈菌白锈病病叶两面的疱斑

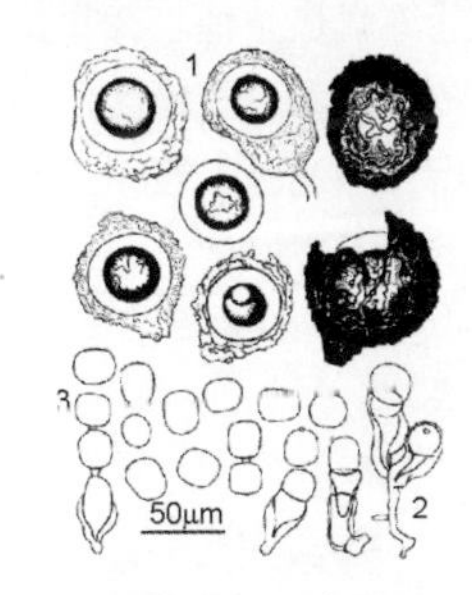

蕹菜白锈病病菌

1—卵孢子；2—孢子囊、孢子囊梗；3—游动孢子

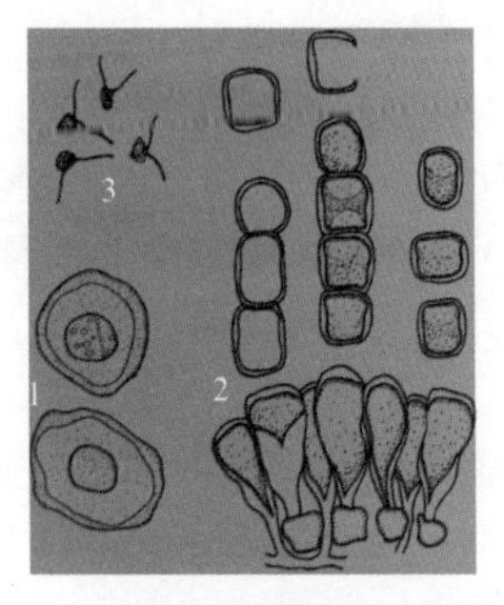

旋花白锈菌形态

1—卵孢子；2—孢子囊梗和孢子囊；3—游动孢子

病原 *Albugo ipomoeae-aquaticae* Saw.，称蕹菜白锈；*Albugo ipomoeae-panduranae*（Schw.）Swingle，称旋花白锈，均属假菌界卵菌门白锈菌属。蕹菜白锈孢囊梗无色至淡黄色，棍棒状，大小（23～61）μm×（13～22）μm。孢子囊无色或浅黄色，短圆筒形，大小（15～19）μm×（13～24）μm。藏卵器云纹状，直径52～60μm。雄器肾形，无色，大小28μm×14.7μm。卵孢子球形，平滑，无色，大小（36～54）μm×（33～51）μm。

传播途径和发病条件 病菌以卵孢子在土壤中越冬，成为翌年的初侵染源，每667m^{2}带菌量7625万个。早期形成的卵孢子当年即可萌发，存放1年的发芽率最高，存放2年的也有侵染力，但大部分已解体，孢子囊靠风雨传播进行再侵染，生产上在卵孢子和孢子囊同时作用条件下发病重。孢子囊在有水滴条件下，萌发适温20～35℃，离体孢子囊在16～17.3℃时，能存活4～5天。生产上子叶出土至真叶刚露时，子叶易染病，当长出1～2片真叶后，子叶抗性明显增加，第2片真叶长成后，只能侵染上部1～2片未充分长成的嫩叶和芽，成熟老叶几乎不染病。生产上5月下旬均温25℃左右始见发病，7～9月高温季节进入发病盛期，9月气温下降扩展缓慢。24.3℃潜育期9天，27.5℃为6天，在发病季节或反季节栽培时，如遇连续几天降雨尤其是台风暴雨袭击后发病重。有时在干旱年份或地块，连种数茬，病菌数量大，地势低洼或在水田及浮水栽培发病也重。

防治方法 ①选用大鸡白、大鸡黄、大鸡青、剑叶、丝蕹等耐风雨品种。②收获时清除病残体，采用配方施肥技术，施足充分腐熟的有机肥，勤施追肥，在早晨浇水，以利蕹菜生长，可减轻发病。③种子处理，现已明确卵孢子附在种子表面，采用种子重量0.3%的35%甲霜灵拌种。④该病仅局限于侵染旋花科蔬菜，经过2～3年轮作，防病效果好。⑤注意田间排渍，疏株通风。⑥发病初期喷洒68%精甲霜·锰锌水分散粒剂600倍液或64%噁霜·锰锌可湿性粉剂500倍液、250g/L嘧菌酯悬浮剂1200倍液，隔10天1次，连续防治2～3次。

蕹菜尾孢叶斑病

症状 发病初期叶面上生淡褐色小斑点，后斑点向周围扩大成不规则形深褐色斑块，严重的多个病斑融合成大病斑，叶片呈火烧状，植株死亡，湿度大时，病斑上生出黑色小霉点，即病菌分生孢子梗和分生孢子。

病原 *Cercospora ipomoeae* G. Winter，称番薯尾孢，属真菌界子囊菌门尾孢属。

蕹菜尾孢叶斑病病叶两面的褐斑

传播途径和发病条件 以菌丝体在病叶内越冬。翌年产出分生孢子，借空气传播蔓延。

防治方法 ①选用赣蕹1号、大鸡白、剑叶等耐风雨和大鸡黄、白壳、线蕹等耐热品种。②收获后及时清园，减少菌源。③提倡采用高畦栽培，雨后及时排水，防止湿气滞留。④发病初期喷洒50%多菌灵悬浮剂500倍液或20%唑菌酯悬浮剂900倍液。

蕹菜轮斑病

症状 主要为害叶片。叶上初生褐色小斑点，扩大后呈圆形、椭圆形至不规则形，红褐色或浅褐色，病斑较大，平均大小 13mm×9mm，叶上病斑较少，有时多个病斑融合成大斑块，具明显同心轮纹，后期轮纹斑上现稀疏小黑点，即病菌分生孢子器。

病原 *Phyllositicta pharbitis* Saccardo，称牵牛叶点霉，属真菌界子囊菌门叶点霉属。

蕹菜轮斑病

传播途径和发病条件 病菌在病残体内越冬。翌春随雨水溅淋，近地面叶片先发病，常进行多次再侵染。江苏一带 6 月初始发。雨水多的年份，生长郁蔽田块发病重。

防治方法 ①冬季清除地上部枯叶及病残体，并结合深翻，加速腐烂。②重病田实行 1 ～ 2 年轮作。③发病初期喷洒 70% 甲基硫菌灵可湿性粉剂 600 ～ 700 倍液，或 70% 丙森锌可湿性粉剂 550 倍液，隔 7 ～ 10 天 1 次，连续防治 2 ～ 3 次。

蕹菜链格孢叶斑病

又称蕹菜黑斑病，病株率达 20% ～ 40%，高的可达 80% 以上，明显影响蕹菜生长发育。

症状 全生育期均可发病，生长中后期尤为常见。主要为害叶片。初在叶面产生淡红褐色水渍状小斑点，后扩展成圆形至近圆形黄褐色或红褐色大小不一的坏死斑，略具同心轮纹，边缘常现退绿晕圈，湿度大时叶两面现稀疏的灰黑色毛，即病原菌分生孢子梗和分生孢子。发病重的病斑密布，多个病斑融合连片，致叶片迅速枯死。

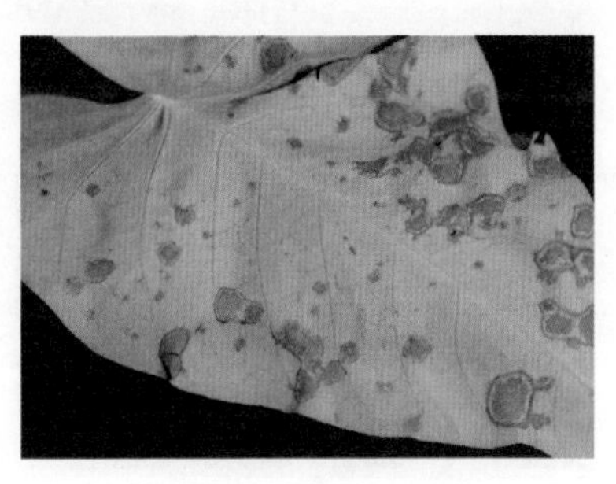

大叶蕹菜链格孢叶斑病

病原 *Alternaria bataticola* Ikatoex W. Yamamoto，称番薯生链格孢，属真菌界子囊菌门链格孢属。

传播途径和发病条件 病菌以菌丝体和分生孢子丛在病部或随病残体遗落土中越冬。翌年产生分生孢子借气流或雨水溅射传播，进行初侵染和再侵染。在南方本菌在寄主上辗转传播，不存在越冬问题。通常温暖多湿的天气或密植郁蔽的生态环境有利于该病发生蔓延。

防治方法 ①合理密植，清沟排渍，大棚栽培注意改善通风条件以降低湿度。②生长季节结束后彻底收集病残物烧毁以减少菌源。③重病地或田块应及早喷药控制，花后及时防治。进入开花期后，日均温25℃以上，掌握在发病前喷洒50%醚菌酯水分散粒剂1200倍液或50%咯菌腈可湿性粉剂5000倍液、50%异菌脲可湿性粉剂1000倍液。

蕹菜花叶病毒病

症状 叶片变小，畸形，皱缩，叶质粗厚，生长明显受阻。

蕹菜花叶病毒病

病原 由烟草花叶病毒（TMV）、黄瓜花叶病毒（CMV）和甜菜曲顶病毒 *Beet curly top virus*（BCTV）单独或复合侵染引起。甜菜曲顶病毒属双生病毒科曲顶病毒属，质粒为双联体结构，每个粒子大小18nm×30nm，致死温度80℃，稀释限点1000倍，体外保毒期8～330天，在干燥病组织内可存活4个月至8年，寄主范围宽，超过44科300多种植物，汁液不传毒，可借叶蝉和菟丝子传染。

传播途径和发病条件 由多种病毒复合侵染引起，可经汁液、虫媒叶蝉及种子传毒。田间农事操作和有利于虫媒活动的天气，对发病有利。

防治方法 ①适时播种，播后及时锄草。②使用生物有机肥，生长期及时进行管理，适时浇水追肥，发现蚜虫及时灭杀。③发病初期喷洒20%吗胍·乙酸铜可湿性粉剂400～500倍液或20%吗胍·乙酸铜300倍液混2%宁南霉素水剂500倍液。④提倡在发病前或发病初期喷洒防治病毒病的纯生物制剂绿地康（抗病毒型）100倍液，严重的可加大到50倍液，隔5～7天1次，配合施用锌肥效果更好。接触蕹菜植株表面后，可与细胞膜上的受体蛋白结合，激发多种霉的活性，提高免疫力，达到抑制病毒复制的效果，快速防止出现黄叶、黄化、卷叶、矮化症状。

十一、苋菜、彩苋病害

苋菜、彩苋苗期猝倒病

症状 苋菜播种后到出苗前后时有发生。种子发芽至幼苗出土前发病，常造成烂种或烂芽，因此过程发生在土下，不扒开土表是看不到的。幼苗出土后发病，茎基部现水浸状黄褐色病变，常缢缩成线状，有时表皮脱落，造成幼苗猝倒在地，湿度大时常长出浅色絮状菌丝体和孢子囊。

苋菜幼苗猝倒病症状

病原 *Pythium aphanidermatum* (Eds.) Fitzp.，称瓜果腐霉菌，属假菌界卵菌门腐霉属。一般在年平均气温高的地方，*P.aphanidermatum* 出现频率较高。

传播途径和发病条件、**防治方法** 参见蕹菜猝倒病。

苋菜、彩苋褐斑病

症状 主要为害叶片。叶片病斑圆形至不定形，黄褐色，后病斑中部退为灰褐色至灰白色，病健部分界明晰，病斑两面均可见密生小黑点，即病原菌分生孢子器。

病原 *Phyllosticta amaranthi* Ell.et Kell.，称苋叶点霉，属真菌界子囊菌门叶点霉属。

彩苋叶点霉褐斑病

传播途径和发病条件 病菌以菌丝体和分生孢子器在病株上或病残体上越冬。翌年春病菌产生分生孢子进行初侵染，病斑上分生孢子器不断产生分生孢子通过风雨传播，进行多次再侵染，病害得以蔓延扩大。

防治方法 一般无需专门防治，可结合防炭疽病进行兼治。

苋菜、彩苋炭疽病

症状 苋菜炭疽病主要为害叶片和茎。叶片染病，初生暗绿色水浸状小斑点，后扩大为灰褐色，直径

2～4mm，病斑圆形，边缘褐色，略微隆起，病斑数量少则10多个，多的可达20～30个，严重的病斑融合，致叶片早枯，病斑上生有黑色小粒点。湿度大时，病部溢出黏状物，即病原菌的分生孢子盘和分生孢子。茎部染病，病斑褐色，长椭圆形略凹陷。

苋菜炭疽病

病原 *Colletotrichum erumpens* Sacc.，称溃突刺盘孢，属真菌界子囊菌门溃突刺盘孢属。

传播途径和发病条件 病菌主要以菌丝体或分生孢子在病残体和种子上越冬。翌年春条件适宜时产生分生孢子，通过雨水飞溅或冲刷进行传播和蔓延。气温28～32℃、多雨利于该病发生和流行。种植过密、偏施速效氮肥、通风透光不良发病重。

防治方法 ①适当密植，清沟排渍，合理施肥，提高植株抗病力。②结合喷施1.4%复硝酚钠6000倍液混入70%多菌灵可湿性粉剂500倍液，做到药肥兼施控制病害。此外还可选喷32.5%苯甲·嘧菌酯悬浮剂1500倍液或250g/L嘧菌酯悬浮剂1000倍液或50%醚菌酯水分散粒剂1200倍液，70%代森联水分散粒剂600倍液，隔7～10天1次，连续防治2～3次。

苋菜、彩苋链格孢叶斑病

症状 主要为害叶片。初生水渍状褐色小斑点，后扩展成圆形或近圆形病斑，直径5～10mm，浅褐色

苋菜链格孢叶斑病病叶

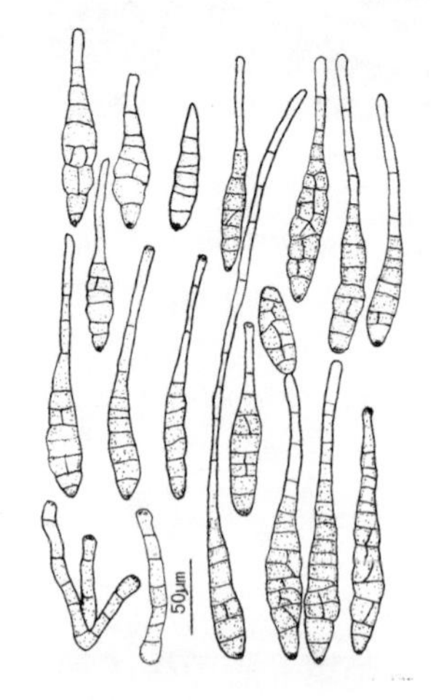

苋菜链格孢叶斑病病菌苋链格孢分生孢子梗和分生孢子（张天宇原图）

至灰褐色，有时可见不明显轮纹，湿度大时病斑两面生出浅黑色霉层。病情严重时，病斑融合成片，叶片干枯。

病原 *Alternaria amaranthi*（PK.）Venkat，称苋链格孢，属真菌界子囊菌门镰格孢属。

传播途径和发病条件、**防治方法** 参见蕹菜链格孢叶斑病。

苋菜、彩苋白锈病

症状 主要为害叶片。叶面初现不规则退色斑块，叶背生圆形至不定形白色疱状孢子堆，直径1～10mm，严重时疱斑密布或连合，致叶片凹凸不平，甚至枯黄，不堪食用。

苋菜白锈病叶背白色疱斑

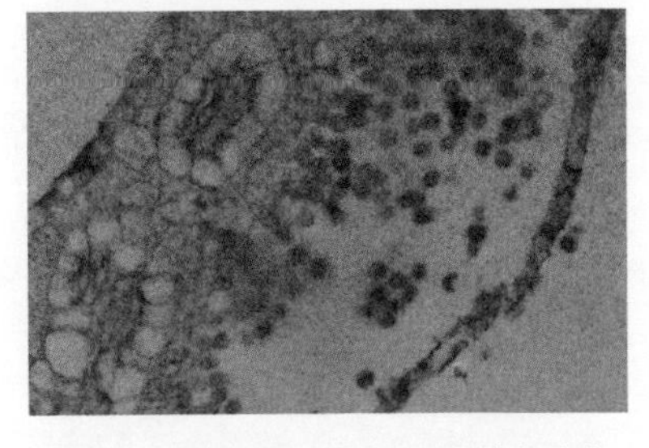

苋菜白锈病病菌苋白锈孢子囊堆与孢囊

病原 *Albugo bliti*（Biv.）Kuntze，称苋白锈菌，属假菌界卵菌门白锈菌属。

传播途径和发病条件 在寒冷地区，病菌以卵孢子随病残体遗落土中越冬。翌年卵孢子萌发产生孢子囊或直接产生芽管侵染致病。在温暖地区，病菌以孢子囊进行侵染，借气流或雨水溅射传播蔓延，完成病害周年循环。孢子囊萌发适温10℃，需充足的水湿条件。阴雨连绵的天气及偏施氮肥发病重。

防治方法 ①从无病株选留种，播前用种子重量0.2%～0.3%的25%甲霜灵可湿粉剂拌种。②加强肥水管理，适度密植，清沟排渍降湿，避免偏施氮肥。③发病初期选喷58%甲霜灵·锰锌可湿性粉剂500倍液或72%霜脲·锰锌可湿性粉剂500倍液，并注意交替轮用，可起到促进生长及减轻病害双重作用。

苋菜、彩苋病毒病

症状 全株受害。病株叶片卷曲或皱缩，有的出现轻花叶，有的出现坏死斑。

病原 由千日红病毒Gomphrena virus（GoV）和黄瓜花叶病毒（CMV）单独或复合侵染引起。千日红病毒是弹状病毒科暂定种。质粒为弹状，大小（220～260）nm×80nm，汁液传染，能否由昆虫传染尚未明确。

苋菜病毒病

传播途径和发病条件 两种病毒均在寄主活体上存活越冬，借汁液传染。黄瓜花叶病毒还可借蚜虫传染。在毒源存在条件下，利于传毒虫媒繁殖活动的生态条件利于本病发生。田间采收等农事操作造成汁液传染致病害蔓延。

防治方法 参照菠菜病毒病。

苋菜根结线虫病

症状 苋菜地上部表现矮小，生长衰弱，叶色变浅，晴天中午或干旱时，植株呈现萎蔫症状，扒开土壤可见根上已产生大小不等的瘤状物，即根结。剖开根结可见其内长满细小的白色梨状线虫，即根结线虫的雌虫。

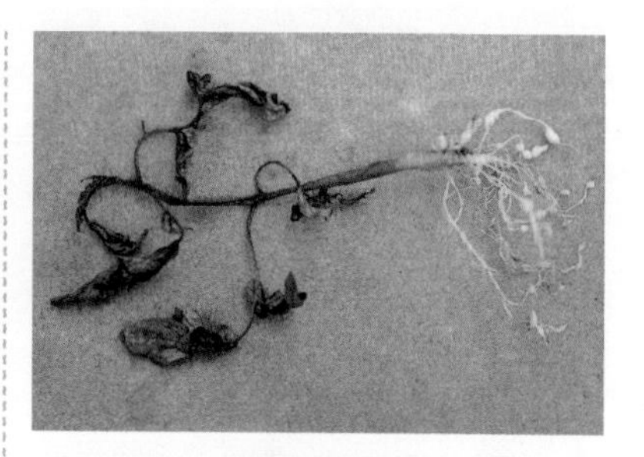

苋菜根结线虫病

病原 *Meloidogyne* spp.，称一种根结线虫，属动物界线虫门。形态特征参见菠菜根结线虫病。

传播途径和发病条件 为害苋菜的根结线虫以在根瘤内未孵化的卵或在土壤中的2龄幼虫越冬。翌年越冬幼虫或越冬卵孵化的幼虫从植株幼嫩根部侵入，发病后形成瘤状物或称根结。

防治方法 ①在苋菜根结线虫发病重的地区或田块，收获后要及时清除病残体，集中烧毁或深埋。②发病重的地区可与百合科蔬菜进行轮作，或实行水旱轮作或与水生蔬菜轮作。③严重的可用杀线虫剂处理土壤，具体方法参见菠菜根结线虫病。

十二、茼蒿病害

茼蒿 学名 *Glebionis coronaria*（L.）Cass. ex Spach，别名蓬蒿、春菊、蒿子秆，是菊科菊属中以嫩茎叶为食的一、二年生栽培种。

茼蒿立枯病

症状 茼蒿立枯病主要为害根部和根茎部。初病部生浅褐色至褐色水渍状椭圆形病斑，病部凹陷后，病茎逐渐收缩或干枯，病苗开始呈萎蔫状，后逐渐枯死，但病株多立而不倒，因此称之为立枯病。湿度大的条件下，病部常长出浅褐色稀疏的蛛丝状霉，立枯病在苗床上扩展缓慢。别于猝倒病。

茼蒿立枯病

病原 *Rhizoctonia solani* Kühn，称立枯丝核菌，属真菌界担子菌门无性型丝核菌属。

传播途径和发病条件 茼蒿喜冷凉湿润气候，不耐高温，生长适温17～20℃，夏季棚内白天温度30℃不利茼蒿生长，易发病。棚内进入雨水后，易引起倒伏和死棵。

防治方法 ①出苗后马上喷洒30%噁霉灵可湿性粉剂800倍液或1%申嗪霉素悬浮剂800倍液。②茼蒿播种后3天就可出苗，若播后3天都是晴天，温度高于35℃，茼蒿出现出芽困难，最好3天中有1阴天。冬天播种每667m^{2}用3.5kg，出苗后密度正合适。夏天受高温影响，播种量5kg以上才能保证密度合理。③采用浇小水的形式，降低棚温、地温，利其生长，减少发病。④进入雨季防止雨水进入棚内。一旦进入及时用井水浇1次，再用上述噁霉灵或申嗪霉素浇灌，防止立枯病引起死棵发生。

茼蒿叶斑病

症状 茼蒿叶斑病又称叶点霉黑点病。主要为害叶片。叶斑圆形至椭圆形或不规则形，深褐色，微具轮纹，边缘紫褐色，外围具变色而未死的寄主组织，后期在斑上产生黑色小粒点，即病原菌的分生孢子器。

病原 *Phyllosticta chrysanthemi*

Ellis et Dearn.，称菊叶点霉，属真菌界子囊菌门叶点霉属。

茼蒿叶斑病病叶

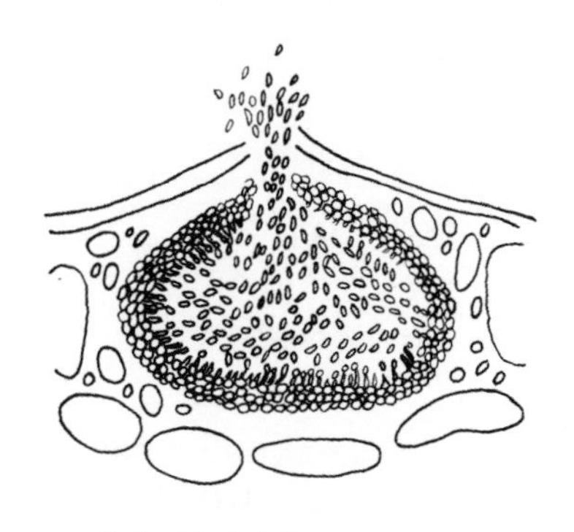

茼蒿叶斑病病菌菊叶点霉分生孢子器及分生孢子

传播途径和发病条件 主要以菌丝体和分生孢子器随病残体遗落土中越冬。翌年以分生孢子进行初侵染和再侵染，靠雨水溅射传播蔓延。通常温暖多湿的天气有利其发生。

防治方法 ①实行轮作。②加强田间管理。③发病初期喷洒 70% 丙森锌可湿性粉剂 600 倍液、75% 百菌清可湿性粉剂 600 倍液，隔 7 ～ 10 天 1 次，连续防治 2 ～ 3 次。

茼蒿炭疽病

症状 茼蒿炭疽病主要为害叶片和茎。叶片染病，初生黄白色至黄褐色小斑点，后扩展为不定形或近圆形褐斑，边缘稍隆起，直径 2 ～ 5mm；茎染病，初生黄褐色小斑，后扩展为长条形或椭圆形稍凹陷的褐斑，病斑绕茎 1 周后，病茎褐变收缩，致病部以上或全株枯死，湿度大时。病部溢出红褐色液，即病原菌的分泌物。

茼蒿炭疽病

病原 *Colletotrichum gloeosporioides* (Penz.) Penz. & Sacc.，称盘长孢状刺盘孢，属真菌界子囊菌门无性型炭疽菌属。

传播途径和发病条件 在棚中温度较高、肥水充足情况下，茼蒿极易发生旺长现象，造成茼蒿植株茎秆细弱，浇水一旦过大，还会产生倒伏现象，不仅影响茼蒿产量，还会引起多种病害发生。北方以菌丝体和分生孢子盘随病残体上存活或越冬，以分生孢子进行初侵染和再侵染，借雨水溅射及小昆虫活动传播蔓延。在南方田间菊科蔬菜及花卉周年存在，病菌在寄主作物间辗转传播为害，无明显的越冬期。通常温暖多湿的天气及生态环境，有利该病发生流行，施氮肥过多过重、植株生势过旺或反季节栽培发病重。

防治方法 ①抓好栽培防病，注意适当密植，清沟排渍，施用腐熟有机肥，避免偏施过施氮肥，使植株壮而不过旺，稳生稳长，增强抗病力。②植株生长期结合喷施、增产菌等生长促进剂或混入杀菌剂作根外施肥，可促进植株早生快发，减轻发病。杀菌剂可选用32.5%苯甲·嘧菌酯悬浮剂1500倍液，或250g/L嘧菌酯悬浮剂1000倍液、30%戊唑·多菌灵悬浮剂900倍液、40%多•福•溴可湿性粉剂500倍液、25%咪鲜胺可湿性粉剂1000倍液，每667m^{2}用对好的药液55L，隔7～10天1次，连续防治2～3次。

茼蒿菌核病

症状 主要发生在茼蒿茎基部，苗期和成株期均可发病。发病初

茼蒿幼苗菌核病（李明远）

期初呈水浸状褐色腐烂，湿度大时，病部表面长出白色菌丝体，后期形成菌核，菌核初白色，后变为鼠粪状黑色颗粒状物，致植株倒折或枯死。

病原 *Sclerotinia sclerotiorum*（Lib.）de Bary，称核盘菌，属真菌界子囊菌门核盘菌属。

传播途径和发病条件、防治方法 参见芹菜、西芹菌核病。

茼蒿尾孢叶斑病

症状 主要为害叶片。初在叶上产生暗褐色小斑，后扩展成圆形至不规则形灰褐色病斑，病部凹陷，直径2～15mm，病斑边缘褐色，中央浅灰白色，湿度大时，病斑表面产生黑色霉丛，即病原菌的分生孢子梗和分生孢子。

茼蒿尾孢叶斑病

病原 *Cercospora chrysanthemi* Heald&wolf，称菊尾孢，属真菌界子囊菌门尾孢属。

传播途径和发病条件 病菌以菌丝块或子座随病落叶遗落在田间越冬。翌年春条件适宜时产生分生

孢子，借风雨或气流及雨水溅射传播，进行初侵染和多次再侵染，使病害危害加重，15 ～ 22℃、相对湿度高于 90% 使其发病，潜育期 5 ～ 15 天。上海一带发病盛期在 3 ～ 6 月或 9 ～ 12 月，雨天多的年份发病重。

防治方法 ①进行轮作采用高厢或起垄栽培。②前茬收获后及时清洁田园。③发病初期喷洒 18% 戊唑醇微乳剂 1500 倍液或 10% 苯醚甲环唑微乳剂 1000 倍液、30% 苯醚甲环唑•丙环唑乳油 2000 倍液，隔 7 ～ 10 天 1 次，防治 1 ～ 2 次。

茼蒿链格孢叶斑病

症状 叶上病斑近圆形至不规则形，灰褐色至深褐色，边缘不清晰，直径 0.2 ～ 1cm，多个病斑常相互融合成大斑。

大叶茼蒿链格孢叶斑病

病原 *Alternaria zinniae* M. B. Ellis，称百日草链格孢，属真菌界子囊菌门链格孢属。

传播途径和发病条件、防治方法 参见菠菜链格孢叶斑病。

茼蒿霜霉病

症状 主要为害叶片，引起圆形或多角形褐色退绿斑，叶片逐渐黄枯。叶背病部生白色霉层，即病菌孢囊梗和孢子囊。

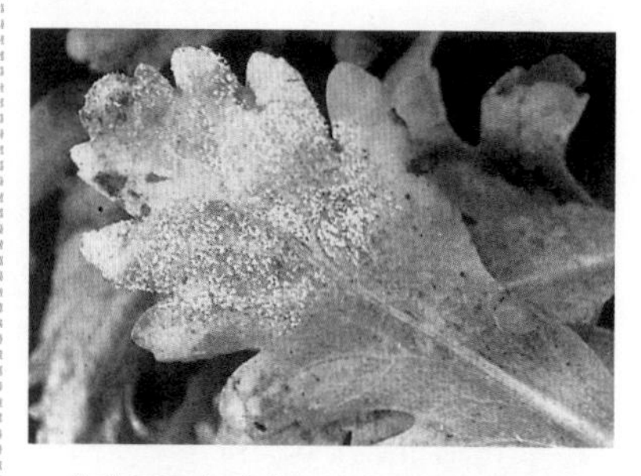

茼蒿霜霉病叶背面的孢囊梗和孢子囊

病原 *Parperonospara chrysanthemicoronarii*，称多型类霜霉，属假菌界卵菌门类霜霉属。

传播途径和发病条件 以菌丝体在寄主上越冬。翌年产生孢子囊借风雨传播，在温湿度条件适宜时产生游动孢子，或直接长出芽管从气孔侵入。多雨潮湿或有大雾发病重。在棚中温度高，肥水充足，茼蒿就会发生倒伏或引发霜霉病，引起死棵。

防治方法 ①加强棚室管理，防止旺长、倒伏。浇水要适量，雨水来临前要及时关闭棚中通风口，严防雨水灌入棚内，易出现霜霉病或疫病造成死棵。②发病初期或从苗期开始喷洒 72.2% 霜霉威水剂或 72% 甲霜灵•锰锌 600 倍液，或 70% 锰锌•乙铝可湿性粉剂 500 倍液、69% 烯酰·锰锌可湿性粉剂500倍液、60%氟吗·乙铝可湿性粉剂600倍液，隔7～10天1次，连续防治2～3次。

茼蒿细菌性萎蔫病

症状 又称细菌性疫病。发病初期1个或几个分枝呈现灰绿色，中午萎蔫，早晚可恢复，茎易捏扁；后生长点变色，渐干枯，剖开病茎，维管束、髓部变褐腐烂，轻者仅下部叶片坏死干枯，严重的全株枯萎。

茼蒿细菌性萎蔫病病株

病原 *Erwinia chrysanthemi* Burkholder，称菊欧文氏菌，属细菌界薄壁菌门。

传播途径和发病条件 病原细菌随病残体在土壤中越冬。翌年春条件适宜时通过分苗或定植等农事操作进行接触传染，大多数由茎基部伤口侵入，引起薄壁组织坏死和维管束萎蔫。

防治方法 ①与非菊科植物进行3年以上轮作。②施用酵素菌沤制的堆肥或有机活性肥。③定植时秧苗可用72%高效农用链霉素1000倍液浸泡4h，即成无病苗。④田间操作，尽量减少伤口。⑤发现病株及时拔除。

茼蒿病毒病

症状 全株受害。病株矮缩，叶片呈轻花叶或重花叶，退绿或叶色浓淡不均，呈斑驳或皱缩状。

大叶茼蒿病毒病

病原 由菊花B病毒*Chrysanthemum virus B*（CVB）和黄瓜花叶病毒（CMV）单独或复合侵染引起。

传播途径和发病条件 两种病毒均可借汁液或昆虫传毒，种子和土壤不能传毒。菊花B病毒传毒虫媒为桃蚜和马铃薯蚜作非持久性传播，寄主范围广，除茼蒿外，菊科的金盏菊、翠菊、瓜叶菊等多种植物均可受侵染。黄瓜花叶病毒见黄瓜病毒病。本病在蚜虫猖獗的年份或利于蚜虫繁殖活动的季节发病重。

防治方法 ①及早灭蚜防病。抓准当地蚜虫迁飞期在虫口密度较低时用10%烯啶虫胺可溶性液剂2000倍液或15%唑虫酰胺乳油1200倍液、20% 异丙威乳油 400 倍液均匀喷雾。②加强管理。苗期喷施多效好 4000 倍液或增产菌每 667m^2 用 30 ~ 50ml 对水 75L，促使植株早生快发。③茼蒿轻花叶症状出现时，连续喷洒 0.2% 磷酸二氢钾或 20% 吗啉胍・乙酸铜可湿性粉剂 500 倍液、0.5% 香菇多糖水剂 250 ~ 300 倍液，隔 7 天 1 次，促叶片转绿、舒展，减轻为害。

十三、冬寒菜病害

冬寒菜　学名 *Malva verticillata* var. *crispa* L.，又称冬葵、葵菜、滑肠菜。锦葵科中以嫩茎叶供食的栽培种。二年生草本植物。原产中国，各地均有栽培。

冬寒菜链格孢叶斑病

症状　主要为害叶片。初在叶上生浅褐色近圆形至不规则形病斑，湿度大时病斑上长出黑色霉状物，即病原菌的分生孢子梗和分生孢子。

冬寒菜链格孢叶斑病

病原　*Alternaria malvae* Roumeguere et Letendre，称锦葵链格孢，属真菌界子囊菌门链格孢属。

传播途径和发病条件、防治方法　参见蕹菜链格孢叶斑病。

冬寒菜菌核病

症状　采种株易染病，主要为害茎部。发病初期，茎部病斑初呈水渍状，后变青褐色，病部长出白色菌丝和扁圆形菌核，受害茎秆内布满白色菌丝，致皮层软腐，茎秆碎裂，茎中空，有时可见菌核，茎受害后枝叶萎蔫，逐渐枯死。

冬寒菜菌核病病茎上的菌核

病原　*Sclerotinia sclerotiorum* (Lib.) de Bary，称核盘菌，属真菌界子囊菌门核盘菌属。该病菌核呈扁圆形，较小。

传播途径和发病条件　病菌混杂在种子间或遗落土壤中越冬，成为翌年初侵染源。生长期产生子囊孢子，借风雨传播进行再侵染，扩大为害。进入雨季易发病。密度大、偏施氮肥、雨后积水田间湿度大发病重。

防治方法　①播种前剔除夹杂在种子间的菌核。②加强田间管理。密度适当保持通风透光，施用酵素菌沤制的堆肥或腐熟有机肥，少施氮肥，增施磷钾肥，提高植株抗病力。③必要时喷洒50%啶酰菌胺水分散粒剂1800倍液或40%菌核净悬浮剂600倍液，隔7～10天1次，防治2～3次。

冬寒菜黄萎病

症状　该病是冬寒菜重要病害，各地均有发生，病情日趋严重。进入花期后全株发病，中上部叶片在叶脉间或叶缘出现黄色不规则斑块，逐渐扩大后，退绿变淡，叶片边缘卷曲，严重时病斑边缘至中心退绿变黄，但靠近主脉处保持绿色，出现掌状斑纹，进入后期叶缘、病斑变成黄褐色，叶片焦枯。纵剖病茎、叶柄，可见导管变褐。

冬寒菜黄萎病

病原　*Verticillium* sp.，称一种轮枝菌，属真菌界子囊菌门轮枝孢属。分生孢子梗直立，呈轮状分枝，分枝顶端及顶枝顶端着生分生孢子。分生孢子椭圆形，单胞，无色。

传播途径和发病条件　病菌以菌丝体、厚垣孢子及拟菌核随病残体在土壤中越冬，种子也可带菌。病菌借风雨及灌溉水传播蔓延，多从根部伤口或幼根根毛表皮侵入，病菌进入维管束后迅速繁殖，向全株扩展。病菌在5～30℃均可生长，发病适温20～25℃，土温22～26℃。土壤湿度高易发病。多雨、湿气滞留的连作地发病重。

防治方法　①发病重地区实行3年以上水旱轮作，效果好。②选用无病种子，或种子用50%多菌灵可湿性粉剂500倍液浸种1h，晾干后播种。③雨后及时排水，防止湿气滞留。④发现病株喷淋或浇灌54.5%噁霉•福可湿性粉剂600倍液或70%噁霉灵可湿性粉剂1500倍液、50%多菌灵可湿性粉剂700倍液。

冬寒菜炭疽病

症状　主要为害叶片。叶斑初近圆形，后扩展为多角形至不规则形，直径2～6mm不等，褐色，边缘色深，后期病斑易破裂。湿度大时斑面现小黑点即分生孢子盘。

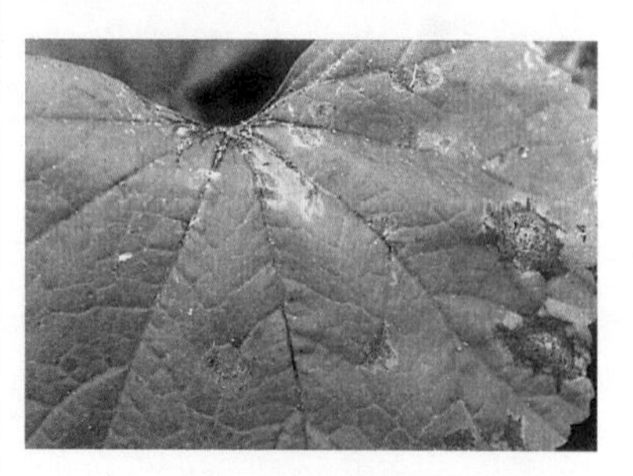

冬寒菜炭疽病

病原 *Colletotrichum malvarum*（A. Braun & Casp.）Southw.，称锦葵刺盘孢，属真菌界子囊菌门无性型炭疽菌属。

传播途径和发病条件 以菌丝体和分生孢子盘随病残体遗落土中越冬。翌年以分生孢子进行初侵染和再侵染，借雨水溅射传播蔓延。温暖多湿或植地低洼利于发病。氮肥施用过多发病重。

防治方法 ①避免在低洼地种植，及时收集病残体烧毁。②常发地或重病区宜在病害初发期喷洒50%咪鲜胺锰盐可湿性粉剂800～1500倍液或250g/L嘧菌酯悬浮剂1000倍液、70%丙森锌可湿性粉剂600倍液，每隔7～10天1次，连续防治2～3次。

冬寒菜根腐病

症状 主要为害植株根部及茎基部，引致根腐或茎基腐，终致全株凋萎。被害根部生不规则形黑褐色病斑，扩展后病斑汇合致根黑腐。茎基部受害外观也呈黑褐色，剖视其内部维管束变褐坏死。

病原 *Fusarium solani*（Mart.）Sacc.，称腐皮镰孢，属真菌界子囊菌门镰刀菌属。

传播途径和发病条件 以菌丝体或厚垣孢子或分生孢子在土壤或种子上越冬。带菌的肥料、种子和病土成为翌年主要初侵染源，病斑上产生分生孢子进行再侵染，借雨水溅射传播蔓延。植地连作或低洼排水不良、土质过于黏重、施用未充分腐熟的土杂肥，皆易诱发本病。

冬寒菜根腐病

茄类镰孢分生孢子

防治方法 ①收获时彻底收集病残物及早烧毁，并深翻晒土，或利用太阳热和薄膜密封消毒土壤，并实行轮作，以减轻发病。②播前用种子重量0.5%的50%多菌灵可湿性粉剂拌种并密封闷种数天后播种。③增施磷钾肥和生物有机复合肥作基肥，避免施用未腐熟土杂肥，并做到高畦深沟，促根系壮旺生长。④及早挖除病株，病穴及其附近植株喷淋70%噁霉灵可湿性粉剂1500倍液或54.5%噁霉·福可湿性粉剂700倍液，连续喷淋 2 ～ 3 次。

冬寒菜叶斑病

症状 主要为害叶片，下部叶片易发病。初在叶上或叶缘产生一浅褐色小点，后扩展成圆形至近圆形坏死斑，边缘色略深，中央淡黄褐色，直径 6 ～ 9mm，有轮纹，易破裂或穿孔，后期病斑上生出黑色小粒点，即病原菌的分生孢子器。

病原 *Phyllosticta* sp.，称一种叶点霉，属真菌界子囊菌门叶点霉属。

传播途径和发病条件 病菌以分生孢子器和菌丝随病残体在土壤中越冬或越季。条件适宜时从器中释放出大量分生孢子，借风雨传播蔓延，雨天多发病重。

防治方法 参见苋菜、彩苋炭疽病。

冬寒菜病毒病

症状 全株受害，以顶部幼嫩叶片症状较明显，早期染病株明显矮缩，叶片现花叶或褐色斑驳状。

病原 *Okra mosaic virus*（OkMV），称秋葵花叶病毒，属芜菁黄花叶病毒属。病毒质粒球状，呈 20 面体，直径 28nm，无包膜。

冬寒菜病毒病

传播途径和发病条件 病毒在冬寒菜、秋葵等锦葵科植物活体上寄生越冬，可借汁液及虫媒传播。传毒虫媒介体有叶甲、跳甲和叶螨，进行非持久性传毒。有利于传毒介体繁殖活动的生态条件对发病有利，农事操作过程中也可人为传毒。

防治方法 ①发现病株及时拔除，以减少传毒机会。②根据当地传毒介体的发生规律，抓住虫口密度低时及时喷药防治传毒甲虫和叶螨。③发病初期喷洒 20% 吗胍・乙酸铜可湿性粉剂 500 倍液或 1% 香菇多糖水剂 500 倍液。

十四、落葵病害

落葵　学名 *Basella alba* L. 别名潺菜、木耳菜、软浆叶、藤菜、胭脂菜、豆腐菜等，是落葵属中以嫩茎叶供食用的栽培种。常见的有红落葵和白落葵两种。原产中国、印度。我国栽培落葵具有悠久的历史，过去在南方栽培较多，现已扩展到北方，成为北方的名优蔬菜之一。

落葵苗腐病

症状　落葵苗腐病又称木耳菜苗枯病。主要为害苗的基部茎和叶片。茎基染病，初现水浸状近圆形或不定形斑块，后迅速变为灰褐色至黑色腐烂，致植株从病部倒折，叶片脱落。土壤或株间湿度大时，病部及周围土面长出灰白色丝状菌丝。叶片染病，初现暗绿色近圆形或不定形水浸状斑，干燥条件下呈灰白色或灰褐色，病部似薄纸状，易穿孔或破碎。

落葵苗腐病

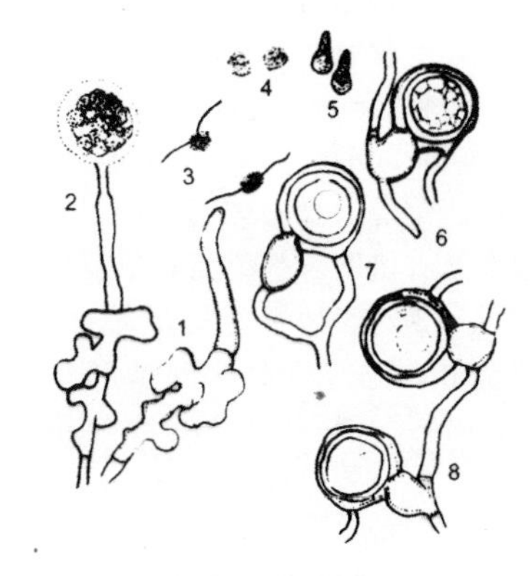

落葵苗腐病病菌

1—子囊；2—孢子囊和泡囊；3—游动孢子；4—休止孢子；5—休止孢子萌发；6 ~ 8—藏卵器、雄器和卵孢子

病原　*Pythium aphanidermatum* (Eds.) Fitzp.，称瓜果腐霉菌；*Pythium monospermum* Pringsh，称简囊腐霉，均属假菌界卵菌门腐霉属。

传播途径和发病条件　病菌以菌丝体和卵孢子在土壤中越冬。条件适宜时萌发，产生孢子囊和游动孢子或直接长出芽管侵入寄主。发病后病菌主要通过病、健株的接触和菌丝攀缘扩大为害，病菌在病部不断产生孢子囊或游动孢子，借雨水和灌溉水传播，使病害不断扩大，最后又在病部形成卵孢子越冬。该病在温暖多湿的年份和季节易发病，广东、云南7～9月多见，可延续到11月，尤其是大雨过后发病较烈；生产田地势低洼、积水、湿气滞留、栽植过密、偏施或过施氮肥发病重。移苗栽植较直播的易发病，在湿度大的夜晚，不足1cm小病斑可在1夜之内使大部分叶片变软腐烂，有的布满白色菌丝。反季节栽培易流行。

防治方法 ①选用青梗藤菜、红梗藤菜等耐高温多雨品种。②施用腐熟有机肥，避免肥料带菌传播病害。③选留种子要充分成熟，以利苗壮。④实行分次间苗和晚定苗，以保证定留壮苗。⑤及时拔除病株，集中田外深埋或烧毁，病穴撒消石灰灭菌。⑥适时适量浇水，浇水时间安排在上午，严防大水漫灌，雨后及时排水，降低土壤和株间湿度。⑦发病初期喷洒60%丙森·霜脲氰可湿性粉剂700倍液或60%锰锌·氟吗啉可湿性粉剂700倍液、250g/L双炔酰菌胺悬浮剂667m^{2}用50～70ml对水45～75kg均匀喷雾，隔7～10天1次，连续防治2～3次。

落葵茎基腐病和茎腐病

症状 主要为害小苗或大苗，一般小苗受害多。茎基部或茎部染病，初现红色凹陷斑，病健交界处黄色至褐色，当病部绕茎一周时，病部缢缩，最后仅残存几条维管束，植株折倒枯死。

病原 *Rhizoctonia solani* Kühn，称立枯丝核菌，属真菌界担子菌门无性型丝核菌属。该菌不产生孢子，主要以菌丝体传播和繁殖。初生菌丝无色，后为黄褐色，具隔，粗8～12μm，分枝基部缢缩，老菌丝常呈一连串筒形细胞。菌核近球形或无定形，0.1～0.5mm，无色或浅褐色至黑褐色。

落葵茎基腐病和茎腐病

传播途径和发病条件 以菌丝体随病残体或菌核在土中越冬，且可在土中腐生2～3年。菌丝能直接侵入为害，通过水流、带菌肥料、带菌土、农具传播。病菌发育适温24℃，最高40～42℃，最低13～15℃，适宜pH值3～9.5。播种过密、间苗不及时、温度过高或反季节栽培易诱发本病。病菌除为害落葵外，还可侵染黄瓜、豆类、白菜、油菜、甘蓝等。

防治方法 ①选用优良品种。育苗畦防止高湿条件出现。②苗期喷洒0.1%～0.2%磷酸二氢钾，可增强抗病力。③用种子重量0.2%的40%拌种双拌种。④药土处理。可用40%拌种双粉剂或40%拌种灵与福美双1∶1混合，每平方米施药4g。⑤发现病株，立即连根挖除，集中深埋或烧毁，以减少菌核形成后落入土中。⑥施用腐熟的有机肥，也可施用碧全有机肥，增施过磷酸钙有减轻发病的作用。⑦发病初期喷淋30%苯醚甲环唑·丙环唑乳油2000倍液或3%噁霉·甲霜水剂600倍液、5%井冈霉素水剂1500倍液、1%申嗪霉素悬浮剂800倍液，视病情隔7～10天1次，连续防治2～3次。

落葵紫斑病

症状 为害叶片。叶斑近圆形，直径2～6mm，边缘紫褐色，分界明晰，斑中部黄白色至黄褐色，稍下陷，质薄，有的易成穿孔。严重时病斑密布，不堪食用。

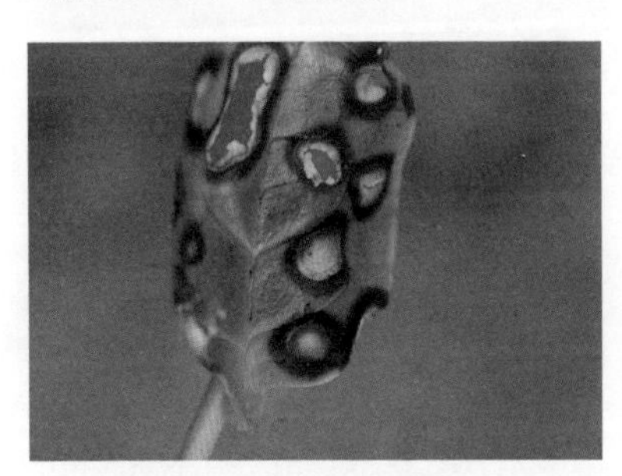

落葵紫斑病病叶

病原 *Ramularia* sp.，称一种柱隔孢菌，属真菌界子囊菌门柱隔孢属。

传播途径和发病条件 南方菜区该病终年存在，病部产生分生孢子借风雨或水滴溅射辗转传播，不存在越冬问题。北方则以菌丝体和分生孢子随病残体遗落土表越冬。翌年以分生孢子进行初侵染，病部产生的孢子又借气流及雨水溅射传播进行再侵染。湿度是该病发生扩展的决定性因素，雨水频繁的年份或反季节栽培发病重。

防治方法 ①施用酵素菌沤制的堆肥或有机复合肥。②适当密植，避免浇水过量，定期喷施增产菌，每667m^{2}用30～50ml，促使植株早生快发。③喷洒21%硅唑·多菌灵悬浮剂700倍液或50%腐霉利可湿性粉剂1500倍液，隔7～10天1次，连续防治2～3次。

落葵色二孢叶斑病

症状 国内新分布。主要为害叶片，叶斑圆形或近圆形，边缘紫褐色至暗紫褐色，分界明显，斑面黄白色至黄褐色，稍下陷，后期病部生出黑色小粒点，即病原菌的分生孢子器。

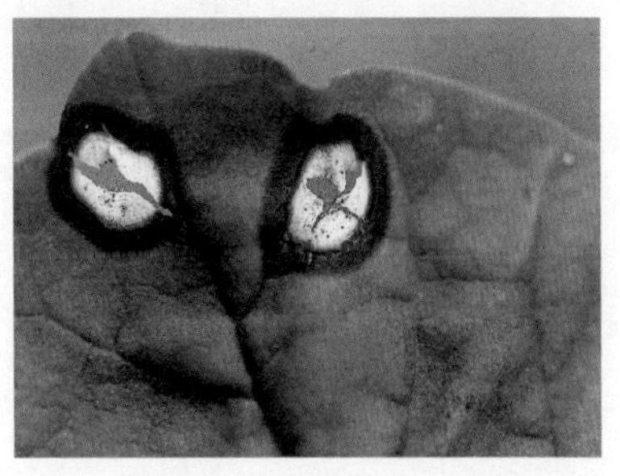

落葵色二孢叶斑病病叶

病原 *Diplodia* sp.，称一种色

二孢，属真菌界子囊菌门无性型色二孢属。

传播途径和发病条件 北方病菌以菌丝体和分生孢子器在病残体上越冬。翌年条件适宜时，分生孢子从分生孢子器内释放出来，通过风雨进行传播蔓延。在南方落葵种植区病菌在田间终年存在，病部产生的孢子借风或雨水溅射传播蔓延，该菌可进行多次再侵染，雨水多的年份或季节易发病。青梗藤菜、红梗藤菜易染病。

防治方法 ①落葵叶斑病严重的地区或田块，可采用避雨栽培法。②采用高畦或起垄种植，合理密植，雨后及时排水，防止湿气滞留。③发病初期喷洒30%戊唑·多菌灵悬浮剂700倍液，每667m^{2}喷对好的药液50L，隔7～10天1次，连续防治3～4次。④棚室可在发病初期施用15%腐霉利烟剂，每667m^{2}用200g熏一夜，翌晨放风。

落葵叶点霉紫斑病

症状 主要为害叶片。叶斑圆形、近圆形或不规则形，老病斑易破裂并脱落成穿孔状，病斑边缘紫褐色，直径2～6mm，有时可见极微细的稀疏的小黑点，即病原菌的分生孢子器。

病原 *Phyllosticta boussingaultiae* Spegazzini，称落葵叶点霉，属真菌界子囊菌门无性型叶点霉属。

传播途径和发病条件 北方以菌丝体和分生孢子器在病残体上或遗落在土壤中越冬。翌年释放出分生孢子进行传播蔓延。在南方，周年种植落葵和甘薯的温暖地区，病菌辗转传播为害，无明显越冬期，分生孢子借雨水溅射进行初侵染和再侵染。生长期遇雨水频繁、空气和田间湿度大或田间积水易发病。该病在南方8～9月常与其他叶斑病混合发生、混合为害。反季节栽培易发病。

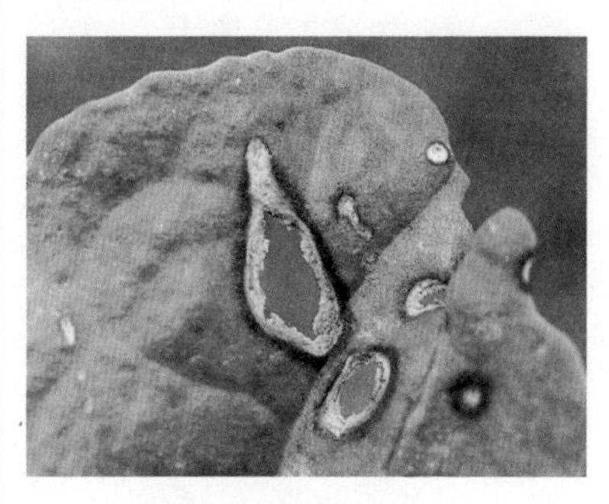

落葵叶点霉紫斑病病叶

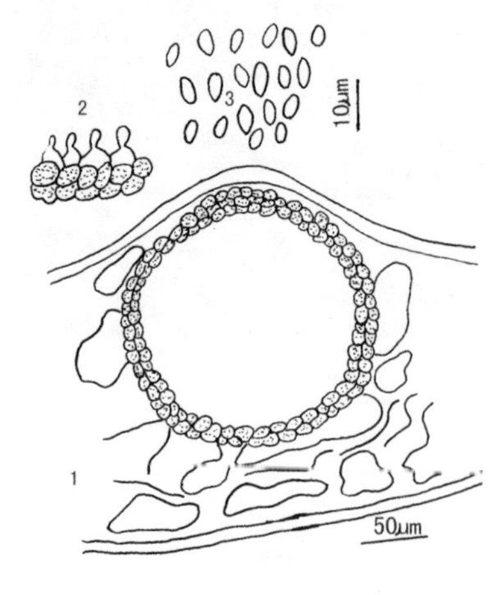

落葵叶点霉

1—分生孢子器；2—产孢细胞；3—分生孢子

防治方法 ①收获后及时清除病残体，集中烧毁或深埋。②选择地势高燥地块种植，雨后清沟排渍，以降低田间湿度。③实行轮作倒茬，避免连作。④发病初期喷洒20%唑菌酯悬浮剂800倍液或250g/L嘧菌酯悬浮剂1000倍液、27%碱式硫酸铜悬浮剂600倍液，每667m^{2}喷对好的药液50L，连续防治2～3次。

落葵链格孢叶斑病

症状 病斑圆形，中央灰白色至浅褐色，外围青褐色，边缘近紫色，直径2～10mm，上生薄的暗色霉层，菌丝体、分生孢子梗、分生孢子主要在叶斑正面。

病原 *Alternaria basellae* T. Y. Zhang，称落葵链格孢，属真菌界子囊菌门链格孢属。

传播途径和发病条件 病菌以菌丝体和分生孢子在病残体上或随病残体遗落土中越冬。翌年产生分生孢子进行初侵染和再侵染。该菌寄生性虽不强，但寄主种类多、分布广泛，在其他寄主上形成的分生孢子，也是落葵生长期该病的侵染源。一般成熟老叶易染病，雨季或管理粗放、植株长势差利于该病扩展。

落葵链格孢叶斑病

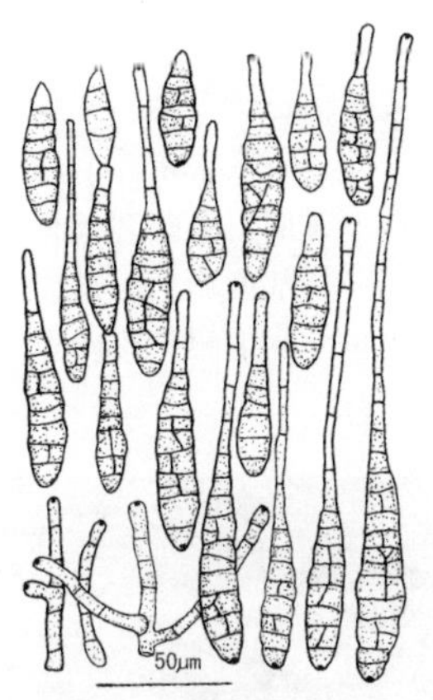

落葵链格孢

防治方法 ①保护地栽培的要抓好生态防治，及时放风，防止棚内温湿度过高，延缓该病发生。②于发病初期喷撒5%百菌清粉尘剂，每667m^{2}用1kg，隔9天1次，连续防治2～3次。③施用15%腐霉利烟剂，每667m^{2}用200～250g。④露地可按配方施肥要求，充分施足基肥，适时追肥。⑤喷洒30%醚菌酯可湿性粉剂1500倍液或50%异菌脲可湿性粉剂1000倍液、50%乙烯菌核利水分散粒剂800倍液，隔7～15天1次，防治2～3次。

落葵炭疽病

症状 主要为害叶片，偶害叶柄和茎。叶片染病，初生圆形或椭圆形至不定形病斑，边缘褐色至紫褐色，略隆起，其四周有不大明显的浅褐色至黄褐色晕圈，斑中部初为黄白色，后变灰白色稍下陷，有时可见不明显的轮纹，湿度大条件下现稀疏的微细小点，斑面也易破裂或脱落成穿孔。叶柄、茎部染病，病斑梭形至椭圆形，褐色，略下陷。该病常与其他叶斑病混合发生。

落葵炭疽病病叶

病原 *Colletotrichum* sp.，称一种刺盘孢，属真菌界子囊菌门无性型炭疽菌属。

传播途径和发病条件 病菌以菌丝体随病残组织或在病株上越冬。南方周年种植落葵的地区，在植株上辗转传播。田间发病后，又产生分生孢子进行多次再侵染，致病情扩展。气温25～30℃、湿度80%以上或阴雨天气多易发病。

防治方法 ①施用生物有机复合肥。②发现病叶，马上摘除，以减少前期菌源。③采用高畦或起垄栽培，雨后及时排水，防止湿气滞留。④发病初期喷洒32.5%苯甲·嘧菌酯悬浮剂1500倍液或70%丙森锌可湿性粉剂500倍液、25%咪鲜胺乳油1000倍液、70%代森联水分散粒剂600倍液，72%丙森·磷酸铝可湿性粉剂150～200g，每667m^{2}喷对好的药液50L，隔10天左右1次，连续防治2～3次。

落葵匍柄霉蛇眼病

症状 主要为害叶片和茎部。叶片染病，于叶面产生圆形、近圆形病斑，中央粉红色，边缘褐色，叶背病斑颜色相似。茎染病，产生椭圆形至长椭圆形或不规则形病斑，中央褐色，边缘深褐色。是落葵生产上发生普遍、危害严重的重要病害。

病原 *Stemphylium* sp.，称一种匍柄霉，属真菌界子囊菌门匍柄霉属。

落葵匍柄霉蛇眼病叶部症状

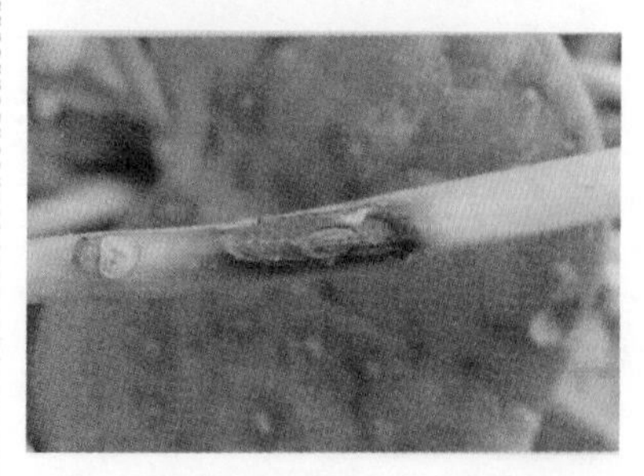

落葵匍柄霉蛇眼病茎秆症状（李宝聚摄）

传播途径和发病条件 以菌丝体和分生孢子随病残体遗落土表越冬。翌年以分生孢子进行初侵染，病部产生的孢子又借气流及雨水溅射传播进行再侵染。在南方菜区，田间寄主终年存在，病菌辗转传播为害，不存在越冬问题。湿度是该病发生扩展的决定性因素，雨水频繁的年份或季节发病重。

防治方法 ①适当密植，避免浇水过量及偏施、过施氮肥。②定期喷施增产菌，每667m^{2}用30～50ml，促植株早生快发。③发病初期喷洒60%唑醚·代森联水分散粒剂1500倍液+33.5%喹啉铜悬浮剂750倍液或43%戊唑醇悬浮剂3000倍液+33.5%喹啉铜悬浮剂750倍液、75%肟菌·戊唑醇水分散粒剂3000倍液，隔7天1次，连喷3～4次。

落葵灰霉病

症状 生长中期始见发病。病菌侵染叶和叶柄，初呈水渍状斑，在适宜温湿度条件下，迅速蔓延致叶萎蔫腐烂。茎和花序染病，在茎上引起退绿水渍状不规则斑，后茎易折或腐烂。病部可见灰色霉层，即病菌繁殖体。

落葵灰霉病病茎上的灰霉（易齐摄）

病原 *Botrytis cinerea* Pers.：Fr.，称灰葡萄孢，属真菌界子囊菌门葡萄孢核盘菌属。

传播途径和发病条件、防治方法 参见菠菜灰霉病。

落葵花叶病毒病

症状 全株发病。病株叶片变小，皱缩，叶面呈泡状突起，叶背面叶脉也明显突起，有的甚至变形弯曲。早发病的植株明显矮化，产量大减。

病原 尚未见报道。

落葵花叶病毒病

传播途径和发病条件 本病的传播途径不明。在广州地区，5月后始发，田间发病株率可高达100%，高温少雨条件下发病重。

防治方法 参见茼蒿病毒病。

落葵根结线虫病

症状 染病株生长迟缓，叶色

稍浅，似缺素症，植株明显矮于健株，晴天中午或天气干旱水分供应不足时，病株萎蔫，检视根部可见很多根瘤状物即根结，剖开根结生有许多乳白色的梨状线虫，不久变为浅褐色至褐色。2龄根结线虫幼虫钻入侧根的组织细胞，吸收营养，不仅影响水分和养分的运输，还会造成根部伤口及组织坏死，湿度大时造成植株腐败或死亡。

落葵根结线虫病

病原 *Meloidogyne* spp.，称一种根结线虫，属动物界线虫门。形态特征参见菠菜根结线虫病。

传播途径和发病条件 病原线虫以2龄幼虫或雌虫在根结里产在卵囊中的卵随病残体留在土壤中越冬。翌年春条件适宜时，越冬卵孵化出幼虫或越冬幼虫继续发育，借病苗、病土及灌溉水传播，线虫也能靠自身在土壤中蠕动进行短距离传播，2龄幼虫接触根部后多由根尖侵入，进入生长锥内取食和生育，同时分泌刺激物质，虫体附近的细胞增大，形成巨型细胞，使根部产生根结。幼虫在根结里发育成成虫后交尾产卵，在一个生长季节，繁殖3～5代，在保护地条件下或南方可终年繁殖。一般繁殖几个世代，以对数进行增殖，繁殖数量大，一旦发病很易大量积累，造成较大危害。根结线虫多在20cm土层内活动，其中3～10cm最多。土温20～30℃，相对湿度40%～70%利其繁殖，土壤疏松连作地易发病。该病一旦进入棚室往往重于露地，因此生产中应特别注意。

防治方法 参见菠菜根结线虫病。

十五、茴香、球茎茴香病害

茴香　学名 *Foeniculum vulgare* Mill.，是伞形科中以嫩茎叶为食或以果实为香料的两个栽培种，属多年生宿根草本植物。原产地中海沿岸及西亚，我国北方栽培普遍，南方多行秋播。

球茎茴香　*Foeniculum dulce* Mill.，属伞形科一、二年生草本植物。1964 年北京从古巴、意大利、荷兰等国引入。球茎茴香叶柄粗大、叶鞘基部肥大，相互抱合形成拳头大的球茎，成为供食用的主要部位。可制成凉拌菜，味道清香，也可与肉片炒食，异常鲜美。现有很多城市开始从北京引进试种推广。

茴香、球茎茴香猝倒病

症状　参见芫荽、香芹株腐病。

茴香猝倒病病株

病原　*Pythium aphanidermatum* (Eds.) Fitzp.，称瓜果腐霉菌，属假菌界卵菌门腐霉属。

传播途径和发病条件、防治方法　参见落葵苗腐病。

茴香、球茎茴香灰斑病

症状　主要为害茎、叶、花梗和果实。叶片染病，初生黄色小点，扩大后成近圆形病斑，直径 1 ～ 2mm，中央灰色，边缘褐色。茎和叶柄染病，病斑椭圆形，中心部灰色，四周褐色。严重时病斑密密麻麻致叶片黄枯，病部生灰色霉状物，即病原菌分生孢子梗和分生孢子。

病原　*Cercosporidium punctum* (Lacroix) Deighton，称茴香短胖孢，异名 *Cercospora foeniculi* Magnus，均属真菌界子囊菌门茴香短胖孢属。

茴香灰斑病病茎

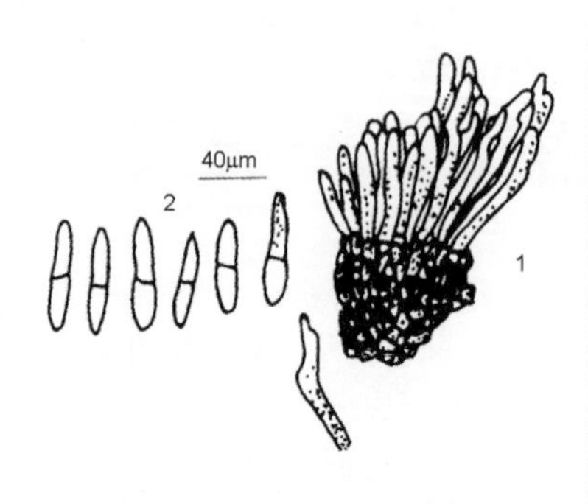

球茎茴香灰斑病病菌（郭英兰原图）

1—分生孢子梗；2—分生孢子

传播途径和发病条件 病菌以菌丝和分生孢子在病部越夏或越冬。翌年产生分生孢子借风雨传播蔓延，一般7～8月发病，病部又产生分生孢子进行再侵染，一直延续到收获。高温高湿或栽植过密、通风透光差及氮肥施用过量发病重。

防治方法 参见菠菜尾孢叶斑病。

茴香、球茎茴香枯萎病

症状 茴香枯萎病引致叶片发黄、植株瘦弱矮小，有时在花期出现烂根现象，叶色淡黄，中午呈萎蔫状，顶部叶片萎垂，后期叶片变黄干枯，根部发黑，侧根少。采种株易发病。

茴香枯萎病病株

病原 *Fusarium oxysporum* Schltdl.，称尖镰孢，属真菌界子囊菌门镰刀菌属。

传播途径和发病条件、**防治方法** 参见菠菜枯萎病。

茴香、球茎茴香白粉病

症状 植株地上部均可染病，但生长较成熟的部分先发病。患病处表面被以白色粉状斑点，后渐扩大，互相融合，占据大部茎、叶表面，多时可在茎表面堆积。最初病斑处植物组织不发生明显的病变，严重时组织变色，生长受阻，致局部坏死及幼苗死亡。

茴香白粉病（李明远）

病原 *Erysiphe heraclei* DC.，称独活白粉菌，异名*E.umbelliferarum* de Bary，称伞形花科白粉菌，属真菌界子囊菌门白粉菌属。但一般常见的为无性世代粉孢属（*Oidium* sp.）。

传播途径和发病条件 病菌在

越冬寄主上以无性孢子越冬，在寒冷地区以菌丝及子囊果越冬。翌年春季开始活动，以子囊孢子或分生孢子进行侵染。该菌的寄主范围较广，还可侵染芹菜、胡萝卜等多种伞形科植物。此外，种子也带菌做远距离传播。由独活白粉菌引起的病害较易在荫蔽、白天温暖夜间凉爽和多露潮湿的环境下发生，而内丝白粉菌较易于高温干旱条件下发生。

防治方法　①收获时彻底收集病残物烧毁，以减少菌源。②在无病株上采种，并应十分重视留种田白粉病防治。③发病初期及早喷洒25%戊唑醇水乳剂2000倍液或50%醚菌酯水分散粒剂1200倍液、20%唑菌酯悬浮剂900倍液、25%乙嘧酚悬浮剂900倍液、5%烯肟菌胺乳油667m^{2}用60～100ml对水45～75kg均匀喷雾，隔10～15天1次，连喷2～3次，注意喷匀、喷足。

茴香、球茎茴香菌核病

症状　主要为害茎、茎基部及叶柄。被害株外观呈凋萎状。患部褐色湿润状或变软腐烂，表面缠绕蛛丝状霉，即菌丝体。以后，病部表面及茎腔内产生黑褐色鼠粪状菌核。

病原　*Sclerotinia sclerotiorum* (Lib.) de Bary，称核盘菌，属真菌界子囊菌门核盘菌属。病菌形态参见芹菜菌核病。

茴香菌核病菌丝纠结成白色后变黑色菌核

球茎茴香菌核病

传播途径和发病条件　菌核和菌丝体随病残体遗落土中越冬。翌年在适宜条件下，菌核萌发形成子囊盘。子囊盘产生子囊孢子进行初侵染，借气流传播蔓延。病部产生的菌丝体通过接触扩大为害。天气冷凉高湿或植地低洼、偏施或过施氮肥、植株柔弱易发病。

防治方法　①重病地宜实行轮作，并注意及时收集病残体烧毁。②提倡施用生物有机肥或腐熟有机肥，增施磷钾肥，避免偏施、过施氮肥。③发病初期浇水前1天喷洒50%啶酰菌胺水分散粒剂1500～2000倍液或50%异菌脲可湿性粉剂1000

倍液、40%菌核净水乳剂600倍液。④在菌核病常发区或难于轮作的地块，定植时拌入40%菌核净可湿粉0.4kg加细土25kg制成的毒土，或用上述药液灌淋株穴，均可减轻病害。

茴香、球茎茴香镰孢根腐病

症状 全生育期均可发病。苗期染病，根及根茎部变褐腐烂，严重时幼苗萎蔫死亡。成株染病，外部叶片打蔫，病情进一步扩展后常引起全株萎蔫死亡。检视根部，根茎部、根上产生褐红色至黄褐色坏死，后期变成褐色至深褐色，造成根部朽腐，易拔出。湿度大或株间郁蔽不通风，病部产生少量白霉，别于茴香菌核病。

球茎茴香根腐病根颈部病变

病原 *Fusarium* sp.，称一种镰刀菌，属真菌界子囊菌门镰刀菌属。

传播途径和发病条件 该菌在土壤中存活，遇有地势低洼、湿度大、管理跟不上易发病。

防治方法 ①实行与非伞形科蔬菜2～3年轮作。②采用高畦栽培，雨后及时排水，防止湿气滞留，以减少发病。③发病重的地块，于播种或移栽前每667m²用50%多菌灵可湿性粉剂4～5kg拌细土40～50kg，充分拌匀后穴施或沟施。也可在种植前用25%丙环唑乳油2000倍液浇灌定植穴，每穴灌对好的药液250ml。④发病初期喷洒或浇灌2.5%咯菌腈悬浮剂1000倍液或35%福·甲可湿性粉剂900倍液、50%氯溴异氰尿酸可溶性粉剂1000倍液、70%噁霉灵可湿性粉剂1500倍液。

茴香、球茎茴香叶枯病

症状 为害叶片。初发病时叶尖退绿，后变黄病叶卷曲扭结，发病重的枝叶枯死或成片枯死，湿度大时，病部表面长有灰黑色霉丛，即病原菌的分生孢子梗和分生孢子。

球茎茴香叶枯病

病原 *Alternaria alternata* (Fr.) Keissler，称链格孢，异名*A.tenuis* Ness，均属真菌界子囊菌门链格孢属。

传播途径和发病条件 病菌以

菌丝体在病残体上或多种蔬菜上越冬。条件适宜时产生分生孢子进行初侵染，发病后病部又产生分生孢子借风雨传播进行多次再侵染。进入雨季或植地湿气滞留易发病。地力肥力差、出现冻害、烟害发病重。

防治方法 ①收获后注意清除病残体，集中烧毁以减少初始菌源。②增施有机肥，适时适量追肥增强寄主抗病性。③发病初期喷洒50%异菌脲可湿性粉剂1000倍液或50%咯菌腈可湿性粉剂500倍液、50%乙烯菌核利水分散粒剂600倍液、70%丙森锌可湿性粉剂600倍液。

茴香、球茎茴香霜霉病

症状 茴香、球茎茴香霜霉病在京城保护地时有发生，为害较重。主要为害嫩叶、嫩叶的叶柄和小柄。初发病时，在幼嫩叶上产生白色霜状霉层，均匀分布，即病原菌的孢囊梗和孢子囊。病情严重的病组织退绿变黄或变褐枯死，条件适宜时，该病扩展迅速，致幼苗成团或成片枯黄或变褐而死。

茴香霜霉病（郑建秋）

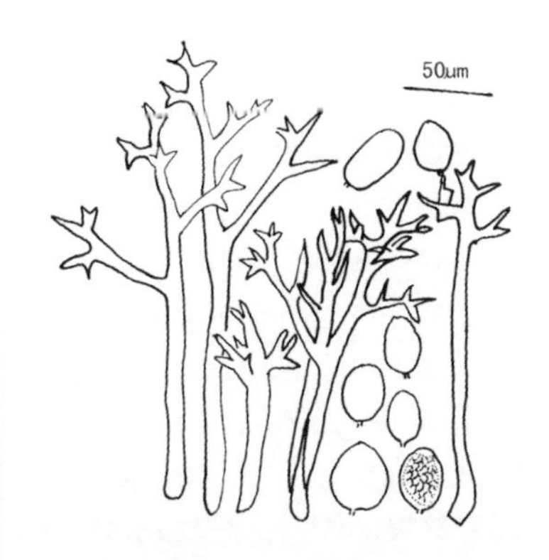

茴香霜霉病的孢子囊梗和孢子囊

病原 *Bremiella oenantheae* Tao et Y. Qin，称水芹拟盘梗霉，属假菌界卵菌门。孢囊梗2～4根或单根从气孔伸出，长200～350μm，主轴长110～190μm，粗4～8μm。上部二杈至近单轴分枝，分枝0～4次，末端直或略弯，长8～32.5μm，顶端平截或略扩大。孢子囊淡黄褐色，矩圆形至倒卵形，顶端略平截，有孔，基部有短柄，大小（22.5～45）μm×（17.5～30）μm。

传播途径和发病条件 该菌在保护地内寄主上或随病残体在棚室内越冬。条件适宜时产生孢子囊进行初侵染，发病后病株又产生新的孢子囊，借气流或浇水传播，进行多次再侵染，使该病迅速蔓延。棚内湿度高或高湿持续时间长、气温适宜，幼苗生长茂盛易发病。昼夜温差大、夜间结露持续时间长发病重。

防治方法 ①对已发病并造成危害的棚室采收后要彻底清除病残组织，集中深埋或烧毁。②合理密植。

对种植茴香、球茎茴香棚室特别注意控制棚内湿度不能超过80%，不论什么情况都要进行放风散湿，并把浇水改在上午，发病后适当控制浇水，尽量减少夜间结露持续时间。③发病初期或茴香、球茎茴香幼苗期喷撒5%锰锌·霜脲粉尘剂，667m^{2}用药1kg。也可喷洒250g/L嘧菌酯悬浮剂1000倍液或68%精甲霜灵·锰锌水分散粒剂600倍液、66%二氰蒽醌水分散粒剂1500～2000倍液。

茴香、球茎茴香灰霉病

症状 为害球茎茴香叶片、叶柄及球茎。生产上常从衰老的部位侵入，引发枝叶或球茎染病，造成枝叶或球茎腐烂，病部表面生出灰霉，即灰霉菌的分生孢子梗和分生孢子。

球茎茴香灰霉病

病原 *Botrytis cinerea* Pers.：Fr.，称灰葡萄孢，属真菌界子囊菌门葡萄孢核盘菌属。

病菌形态特征、病害的传播途径和发病条件、防治方法参见莴苣、结球莴苣灰霉病。

茴香、球茎茴香软腐病

症状 采种株易发病，主要发生在叶柄基部或茎上，先生水渍状不规则形凹陷斑，褐色至浅褐色，后呈湿腐状，变黑发臭。

球茎茴香软腐病

病原 *Pectobacterium carotovora* subsp. *carotovora*（Jones）Bergey et al.，异名*Erwinia aroideae*（Towns.）Holland，称胡萝卜果胶杆菌胡萝卜致病变种，属细菌界薄壁菌门。菌体短杆状，周生2～8根鞭毛。革兰氏染色阴性，生长发育适温25～30℃，最高40℃，最低2℃，50℃经10min致死。除侵染茴香外，还侵染十字花科、茄科蔬菜及芹菜、莴苣等。

传播途径和发病条件 病菌随病残体在土壤中越冬。翌年借雨水、灌溉水及昆虫传播蔓延。该病在生长后期湿度大的条件下或狂风暴雨袭击后易发病。

防治方法 ①加强田间管理，注意通风透光，浇水改在上午，雨后及时排水，防止湿气滞留。②及时防治害虫，田间操作应小心从事，尽量减少伤口。③发现病株及时拔除，全田喷洒77%氢氧化铜可湿性粉剂500倍液、78%波·锰锌可湿性粉剂600倍液、72%农用高效链霉素可溶性粉剂3000倍液或90%新植霉素可溶性粉剂4000倍液。

茴香、球茎茴香细菌疫病

症状 主要为害地上部。初在叶片上出现水渍状小斑点，后侵入叶脉、叶柄及枝条，枝条染病是该病重要病症。

茴香细菌疫病

病原 *Xanthomonas campestris* pv. *coriandri*（Srinivasan，Patel et Thirumalachar）Dye，称油菜黄单胞菌芫荽致病变种（芫荽细菌疫病黄单胞菌），属细菌界薄壁菌门。

传播途径和发病条件、**防治方法** 参见芫荽、香芹细菌疫病。

茴香、球茎茴香病毒病

症状 全株受害。早发病的植株表现矮缩，生长明显受抑，不抽薹或结果少而小，叶片呈畸形皱缩，或产生花叶斑驳状。迟感染的植株叶片也呈花叶皱缩，抽薹开花结实颇受影响。

病原 由芹菜花叶病毒1号（Apium virus 1）或黄瓜花叶病毒（CMV）单独或复合侵染引起。

球茎茴香病毒病

传播途径和发病条件 两种病毒均在活体寄主植物上存活越冬，并可借汁液和蚜虫传染。土壤不能传染。种子是否带毒尚未明确。利于蚜虫繁殖的生态条件易发生本病。

防治方法 参见芹菜病毒病。

十六、苦苣病害

苦苣　学名 *Cichorium endivia* L.，又称栽培菊苣，是菊科菊苣属中以嫩叶为食的一、二年生栽培种，属草本植物。我国大、中城市郊区种植较多。

苦苣立枯病

症状　主要为害幼苗。初生长势衰弱，后叶片出现轻度失水，致病株萎蔫下垂，严重的植株枯死。检视幼苗茎基部，初呈水渍状缢缩，后病部变褐呈立枯状，湿度大时，病部可见褐色蛛丝状霉，即病原菌菌丝体。

苦苣立枯病

病原　*Rhizoctonia solani* kühn，称立枯丝核菌 AG-4 菌丝融合群，属真菌界担子菌门无性型丝核菌属。

传播途径和发病条件、防治方法　参见落葵茎基腐病和茎腐病。

苦苣白霉病

症状　主要为害叶片。叶斑近圆形或不规则形，3 ～ 8mm，边缘深褐色，褐色带较宽，病健部分界明显，外围具黄晕，病斑中央淡褐色至污褐色，有云纹，湿度大时叶面上生出灰色霉，即病菌子实体。后期叶斑融合成不规则斑块，致叶片局部或大部干枯。柱隔孢菌引起的白霉病易与尾孢褐斑病混发，但本病边缘褐带宽，别于尾孢褐斑病。

苦苣白霉病病叶两面症状

病原　*Ramularia inaequalis* (Preuss) Braun，称橘色柱隔孢，属真菌界子囊菌门柱隔孢属。

传播途径和发病条件　病菌以菌丝体和分生孢子在病残体上或分生孢子附着在种子表面越冬，成为本病初侵染源。分生孢子借气流和雨水溅射传播蔓延，发病后病部又产生孢子进行再侵染。在温暖的南方，田间几乎总有菊科蔬菜生长，病菌辗转传播为害，不存在越冬问题。气候温暖，田间湿度大，尤其遇有雾大露水重的条件易诱发本病。偏施、过施氮肥发病重。

防治方法 ①选用香水油麦菜、花叶油麦菜等耐湿品种。与菊科蔬菜实行2年以上轮作。②播前种子用50%多菌灵可湿性粉剂1000倍液浸20～30min，冲洗干净后晾干播种。③采用高畦栽培，合理密植，避免土壤过湿，畦面防止湿气滞留。④采用配方施肥技术，合理施肥，防止氮肥过多。⑤必要时喷洒50%多菌灵可湿性粉剂600倍液或20%唑菌酯悬浮剂900倍液或50%异菌脲可湿性粉剂900倍液，每667m^{2}喷对好的药液50L，隔7～10天1次，连续防治2～3次。

苦苣锈病

症状 主要为害叶片、叶柄。初在叶片两面散生或沿脉出现黄色圆形或椭圆形小疱斑，稍隆起，即锈孢子堆。后疱斑破裂，散出鲜黄色粉状物即锈孢子。严重时病斑密布，叶正面或叶背面覆盖一层醒目的鲜黄色粉状物，后在鲜黄色疱斑上或其四周现棕褐色至黑褐色小疱斑，即夏孢子堆。在生长后期生暗褐色疱斑，即为其冬孢子堆，内含大量冬孢子，被害叶不堪食用。

苦苣锈病病叶背面的锈子器

苦苣锈病病叶背面的夏孢子堆

病原 *Puccinia sonchi* Rob. ex Desm.，称苦苣菜柄锈菌，属真菌界担子菌门柄锈菌属。

传播途径和发病条件 以菌丝体和冬孢子堆在活体寄主上存活越冬。在温暖地区尤其是南方菜区，病菌以夏孢子借气流在寄主间辗转传播蔓延，完成病害周年循环，无明显越冬期。通常温暖高湿、雾大露重的天气有利本病发生。偏施或过施氮肥、植株生长柔嫩发病重。

防治方法 ①施用有机活性肥或腐熟有机肥，避免偏施、过施氮肥。②定植后喷施增产菌，每667m^{2}用30～50ml促植株早生快发，减轻受害。③发病初期喷洒30%苯醚甲环唑·丙环唑乳油2500倍液或25%戊唑醇可湿性粉剂2000～2500倍液、30%戊唑·多菌灵悬浮剂800倍液、10%己唑醇乳油2500倍液，隔10天左右1次，连续防治2～3次。

苦苣霜霉病

症状 为害叶片。初现黄绿色或较健部色稍淡的病斑，扩展后因受叶脉限制呈多角形的淡绿色斑。湿度大时，叶背面生疏密不等的白色霜霉，即孢囊梗和孢子囊。严重时病斑密布，致叶片枯黄，不堪食用。

苦苣霜霉病病斑上的孢囊梗和孢子囊

病原 *Bremia lactucae* Regel f. *sonchicola*（Schl.）Ling et M.C.Tai，称莴苣霜霉——苦苣菜盘梗霉，属假菌界卵菌门盘梗霉属。

传播途径和发病条件 在寒冷地区，病菌以卵孢子随病残体在土中越冬。翌年，卵孢子借雨水溅射传播、孢子囊萌发进行初侵染。病部产生的孢子囊，借气流传播后进行再侵染，使病害蔓延。在温暖的南方菜区，病菌可以孢子囊作为初侵染和再侵染源，完成病害周年循环，无明显越冬期。气温15～17℃、高湿或昼夜温差大、雾大露重、土壤黏重或植地低洼及偏施氮肥发病重。

防治方法 ①加强栽培管理。注意适当密植，合理用水，勿使地面过湿；增施有机活性肥和磷钾肥，避免偏施氮肥；定期喷施植宝素或增产菌，促使植株早生快发。②发病初期及时喷洒85%波尔·霜脲氰可湿性粉剂600～800倍液或60%丙森·霜脲氰可湿性粉剂700倍液、64%噁霜·锰锌可湿性粉剂550倍液、72%霜脲·锰锌700倍液，隔7～10天1次，连喷2～3次。上述药剂如能做到合理混用或轮用，防效更好。

苦苣白粉病

症状 主要为害叶片。叶片初生疏密不等的白色粉斑。之后，粉斑互相融合，叶片表面覆满白粉，终致叶片枯黄，失去食用价值。

苦苣白粉病

病原 *Erysiphe cichoracearum* Jacz.，称二孢白粉菌，属真菌界子囊菌门二孢白粉菌属。文献报道，二孢白粉菌的无性态为 *Oidium ambrosiae*

Thüm.，称豚草粉孢菌。另有报道，苦苣菜白粉菌其无性态为 *Oidium crystallinum* Lev.，称晶粉孢。分生孢子梗直立，不分枝。分生孢子长圆形，单胞无色，串生。

传播途径和发病条件 在寒冷地区以闭囊壳随病残物在土表越冬。翌年产生子囊孢子进行初侵染，病斑上产出分生孢子借气流进行再侵染。在温暖地区，病菌有性阶段不产生或少见，主要靠无性阶段的分生孢子辗转为害传播蔓延。南方菜区，终年均可发病，无明显越冬期。早春 2 ～ 3 月温暖多湿、雾大露重天气发病重。土壤肥力不足或偏施、过施氮肥易诱发此病。

防治方法 参见茴香、球茎茴香白粉病。

苦苣轮纹病

症状 叶片上产生褐色水渍状小斑点，后扩展成直径 3 ～ 10mm、近圆形至扁圆形病斑。病斑褐色至灰褐色，中间颜色略淡，边缘深褐色，表面有轮纹。湿度大时，病斑上略现灰黑色霉。严重时叶片上病斑满布，致叶片枯死。

病原 *Stemphylium chisha* (Nish.) Yamamoto，称微疣匍柄霉，属真菌界子囊菌门。

传播途径和发病条件 病菌以菌丝体随病残体在土壤中或以分生孢子附着在种子表面越冬。播种带菌的种子，出苗后就可侵染发病，产生分

苦苣轮纹病

生孢子借风雨传播又可进行再侵染，潜育期 5 ～ 7 天。气温 18 ～ 22℃，相对湿度高于 85% 易发病。

防治方法 ①发病重的地块提倡与非菊科蔬菜进行 2 年以上轮作。发现病叶及时摘除以减少初始菌源。②适期播种，不要过密，及时追肥浇水，使植株健壮，提高抗病力。③发病初期喷洒 78% 波 · 锰锌可湿性粉剂 500 倍液或 50% 苯甲 · 嘧菌酯悬浮剂 1500 倍液、50% 异菌脲可湿性粉剂 1000 倍液。

苦苣菌核病

症状 食叶苦苣、苦荬菜幼株染病，呈水渍状褐色软腐，湿度大时长出白色菌丝，后产生黑色近圆形菌核。采种株染病，茎基部、茎部亦呈水渍状，后变青褐色，病部长出白色棉絮状菌丝，病株茎内和茎外长出黑色菌核。病株的种子不能成熟，造成严重减产。

病原 *Sclerotia sclerotiorum* (Lib.) de Bary，称核盘菌，属真菌界子囊菌门核盘菌属。菌核扁圆形至长圆形，灰色。

苦苣采种株菌核病病株早枯

苦苣采种株菌核病病茎内的黑色菌核

传播途径和发病条件 病菌以菌核混在种子中或落入土壤中越冬。萌发时产生子囊盘和子囊孢子，通过子囊孢子弹射随气流、灌溉水传播，从植株衰弱部位或伤口侵入。苦苣、苦荬菜生长中后期发病较多。长江流域幼株4月中旬发病，北方进入雨季采种株开始发病。田间积水、栽植密度大、偏施或过施氮肥、连作地发病重。

防治方法 ①施用腐熟有机肥。提倡与禾本科作物隔年轮作。②收获后及时耕翻土壤，病残体集中沤肥或烧毁。③发病重的地块每平方米苗床用50%多菌灵可湿性粉剂10g均匀拌在堰土中，撒后耙入畦中再播种。④播种前剔除混杂在种子中的菌核。⑤加强管理，留苗密度不可过大。雨后及时排水，防止湿气滞留。⑥发病初期浇水前1天喷洒50%啶酰菌胺水分散粒剂1800倍液、50%嘧菌环胺水分散粒剂800倍液。

苦苣链格孢叶斑病

症状 初发病时叶上生褐色或近圆形褐色小点，后扩展成圆形病斑，外缘有褐色细线圈，中央生深暗色至黑褐色菌丝，直径4～5mm，多个病斑融合成褐色大斑，致叶片干枯。

苦苣链格孢叶斑病

病原 *Alternaria sonchi* Davis，称苦苣菜链格孢，属真菌界子囊菌门链格孢属。分生孢子卵形，无喙，顶端钝，长80～100μm，具5～8个横隔膜和0至少数纵隔膜。

传播途径和发病条件、**防治方法** 参见茴香、球茎茴香叶枯病。

苦苣炭疽病

症状 叶上病斑长梭形至长条

状，褐色，中央灰褐色至黄褐色，病斑大小12mm×3mm，后期病斑上现小黑点。即病原菌分生孢子盘。

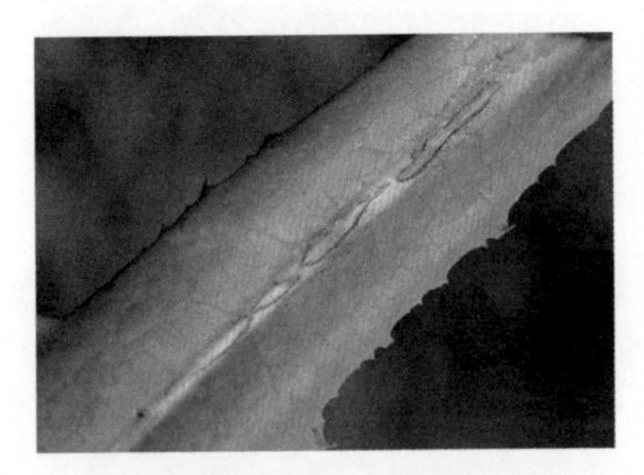

苦苣炭疽病病叶上的梭形斑

病原 *Colletotrichum* sp.，称一种炭疽菌，属真菌界子囊菌门炭疽菌属。

传播途径和发病条件 病菌主要以菌丝和未成熟的分生孢子盘随病残体遗留在土壤中越冬，温湿度适宜时产生分生孢子进行初侵染和再侵染。

防治方法 参见落葵炭疽病。

苦苣细菌性斑点病

症状 主要为害叶片。初在叶缘产生褐色水渍状小斑点，后扩展为圆形或不规则形病斑，边缘褐色，中间色暗，病部四周黄化或延及至叶片的大部分，病部形成湿润状，但不软腐，干燥后呈半透明薄纸状，植株枯死。

病原 *Xanthomonas campestris* pv. *vitians*（Brown）Dye，称油菜黄单胞菌葡萄蔓致病变种（莴苣细菌叶斑病黄单胞菌），属细菌界薄壁菌门。

苦苣细菌性斑点病

传播途径和发病条件、**防治方法** 参见莴苣细菌性叶斑病。

苦苣花叶病毒病

症状 苗期、成株均可发病。苗期染病，叶片产生皱缩扭曲花叶，幼苗生长矮小。成株染病，植株顶部叶片略退绿，出现黄绿相间的斑驳花叶，叶片小畸形，植株矮化。发病重的病叶细脉变为黄褐色坏死，叶片提前干枯而死。

病原 *Sonchus virus*（SonV），称苦苣菜病毒，属细胞质弹状病毒属；*Endive necrotic mosaic virus*（ENMV），称苣荬菜坏死花叶病毒，

苦苣花叶病毒病

属马铃薯 Y 病毒属。SonV 病毒粒子经固定后为杆菌状，长 200 ～ 350nm，直径 70 ～ 95nm，有包膜。ENMV 病毒粒子弯曲线状，无包膜。

传播途径和发病条件 初始毒源来源于在田间越冬的带毒寄主，尤其是刺儿菜、反枝苋、蒲公英、山莴苣、繁缕等根部越冬植物。种子也带毒，病毒在田间主要靠蚜虫传播，能传毒的蚜虫有多种，但主要是桃蚜等，且传毒效率高。该病发生与传毒蚜虫数量及温湿度相关，高温干旱利其发生和扩展。

防治方法 ①从无病株上选留无病种子。②适期播种，早间苗，早定苗，苗期小水勤浇。③播前播后，从苗期到成株期要及时除草。注意清除田边地头的杂草。④从苗期开始早防蚜。⑤浸种。播种前用 1% 香菇多糖水剂 200 倍液浸种 25min，对防治种传病毒病有效。⑥初发病时用 5% 盐酸吗啉胍可溶性粉剂每 667m^2 用 500g 对水 30 ～ 45kg，或 0.5% 香菇多糖水剂每 667m^2 用 150 ～ 250ml 对水 30 ～ 60kg，均匀喷雾，隔 10 天左右 1 次，防治 2 ～ 3 次。

十七、叶菾菜（莙荙菜）、红梗叶菾菜病害

叶菾菜　学名 *Beta vulgaris* var. *cicla* L.，又称厚皮菜、牛皮菜、莙荙菜、叶甜菜，是藜科甜菜属中以嫩叶作菜用的栽培种，属二年生草本植物。

叶菾菜蛇眼病（黑脚病、立枯病）病叶

红梗叶菾菜苗期的黑脚病

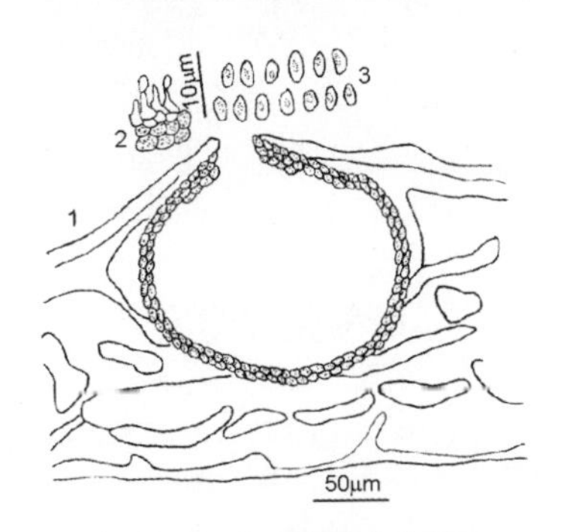

莙荙菜黑脚病病菌甜菜茎点霉
（白金铠原图）
1—分生孢子器；2—产孢细胞；
3—分生孢子

叶菾菜蛇眼病（黑脚病）

症状　叶菾菜黑脚病又称蛇眼病。主要为害幼苗茎基部、叶、茎及根。茎基和根染病称黑脚病。发芽后不久即显症，严重的未出土即病死。一般出土后3、4天显症，病株幼苗胚茎变褐，尤其接近地面处很明显，后茎基部缢缩，引致猝倒。成株叶片染病，又称蛇眼病，初生褐色小斑，后扩大成黄褐色圆形小斑和大斑，小的直径2～3mm，大的1～2cm，斑上具同心轮纹和小黑点，即病原菌分生孢子器。块根染病，从根头向下腐烂，致根部变黑，表面呈干燥云纹状，后现灰黑色小粒点，排列不规则。

病原　*Phoma betae* Frank，称甜菜茎点霉，异名 *P. tabifica* Prillieux，均属真菌界子囊菌门茎点霉属。分生孢子器球形，分生孢子卵形，单胞无色，内含1油球。病菌生育适温27℃左右，分生孢子器的形成和分生孢子萌发适温23～25℃，最高33～35℃，最低2～4℃，适宜相对湿度95%～100%，适宜pH值6.5～7。该菌在土壤中可存活8个

月，种子上的病菌干燥条件下可存活2年。

传播途径和发病条件 病原菌以菌丝体和分生孢子器随病残体留在土壤中或以菌丝体和分生孢子附着在种子上越冬。翌年先侵入幼苗形成黑脚，病部产生分生孢子器逸出分生孢子，借风雨或灌溉水传播，进行再侵染。开始侵染老叶，收获后侵入根部形成黑腐病，收获时切去顶叶过低或沿叶柄基部割断，造成的伤口是病菌侵入重要途径，引起储藏期发病致烂窖。

苗期田间幼苗黑脚病发生适温19℃，土壤干燥易发病。此外，施肥不当、生长衰弱、土壤偏碱等发病重。成株期湿度大易发生蛇眼病。储藏期窖温高于4℃发病重。

防治方法 ①选用无病种子。必要时进行种子消毒。用52℃温水浸种60min，适当增加播种量。②选用无病母根。病根繁殖的种子，带菌率很高，因此一定要选用无病母根。③加强栽培管理。有条件的每667m^{2}施硼砂0.1～0.6kg，可提高抗病性。④药剂防治参见落葵叶点霉紫斑病。

叶菾菜根腐病

症状 刚出土幼苗及大苗均可发病。病苗茎基变褐，后病部收缩细缢，茎叶萎垂枯死；稍大幼苗白天萎蔫，夜间恢复，当病斑绕茎1周时，幼苗逐渐枯死，由腐霉菌为主的可引致猝倒，由丝核菌引起的多不呈猝倒状。病部初生椭圆形暗褐色斑，具同心轮纹及淡褐色蛛丝状霉。有时两菌复合侵染，致幼苗根部很快腐烂；后期染病常常引起干腐。

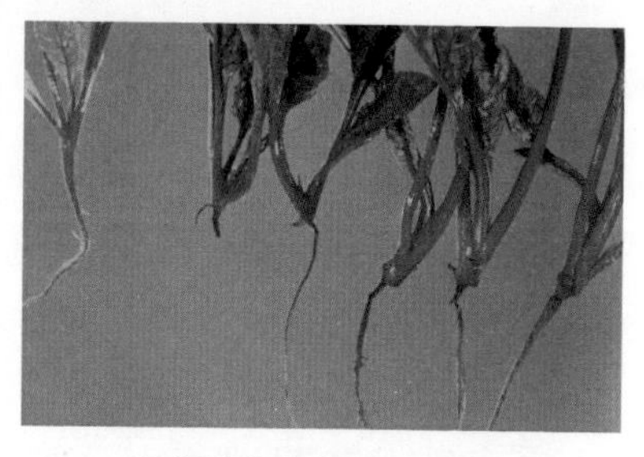

红梗叶菾菜苗期的根腐病

病原 *Pythium ultimum* Trow，称终极腐霉，属假菌界卵菌门腐霉属；*Rhizoctonia solani* Kühn，称立枯丝核菌，属真菌界担子菌门无性型丝核菌属。

传播途径和发病条件 终极腐霉和立枯丝核菌均为土壤习居菌，以菌丝体或菌核在土中越冬，且可在土中腐生2～3年。菌丝能直接侵入寄主，通过水流、农具传播。播种过密、间苗不及时、温度过高易诱发本病。病菌除为害叶菾菜外，还可侵染黄瓜、豆类、白菜、油菜、甘蓝等。

防治方法 ①选用青梗莙荙菜、白梗莙荙菜等品种。选耕作层厚，土质肥沃，pH值6.5～7.2，排渗水好地块种植叶菾菜。②种子用20%甲基立枯磷乳油按种子重量1%拌种消毒。③播前用70%噁霉灵可湿性粉剂2～3kg，均匀撒在土壤上耙入土中后再播种。④发病初期浇灌1%申嗪霉素水剂800倍液，或68%

精甲霜·锰锌水分散粒剂 600 倍液或 50% 福美双可湿性粉剂 500 ～ 600 倍液或 25% 咪鲜胺乳油 1000 倍液、20% 甲基立枯磷乳油 1200 倍液，每株灌对好的药液 200ml。

叶恭菜链格孢叶斑病

症状 莙荙菜生长茂盛期的老叶及中龄叶片易发病，初期形成的病斑与褐斑病相似，两病混发时很难区分，该病斑圆形至椭圆形，边缘清晰，有的可见轮纹，直径 3 ～ 8mm，后期病斑变薄，一般不破裂，也不腐烂。湿度大时，老病斑上长出灰黑色至黑色霉状物，别于褐斑病，发病严重时，叶片卷曲干枯，易脱落。

叶甜菜链格孢叶斑病病叶

病原 *Alternaria alternata*（Fr.）Keisslel.，称链格孢，属真菌界子囊菌门链格孢属。

传播途径和发病条件、**防治方法** 参见茴香、球茎茴香叶枯病。

叶恭菜匍柄霉叶斑病

症状 主要为害叶片。初生许多浅褐色圆形至多角形斑点，病斑扩大后，病部中间变为灰白色，病斑边缘褐色至暗褐色。

病原 *Stemphylium consortiale*（Thüm.）Groves et Skolko，称蚀子匍柄霉，属真菌界子囊菌门无性型匍柄霉属。

叶甜菜匍柄霉叶斑病

传播途径和发病条件 在温暖地区病菌有性态不常见，靠病部产生的分生孢子辗转蔓延。在北方，病菌以子囊座随病残体留在土中越冬，以子囊孢子进行初侵染，发病后，病部又产生分生孢子，借气流传播蔓延，进行再侵染。该菌属弱寄生菌，长势弱或发生冻害的田块易发病。

防治方法 参见落葵链格孢叶斑病。

叶恭菜尾孢叶斑病

症状 主要为害叶片和叶柄。叶片初生水浸状灰褐色小斑点，扩展后形成圆形或椭圆形病斑。病斑边缘紫褐色至紫色或红色，中央灰褐色至灰白色，直径 0.5 ～ 4.5mm。湿度大时，病斑上长出稀疏的灰白色霉状物，即病菌的分生孢子梗和分生孢子。

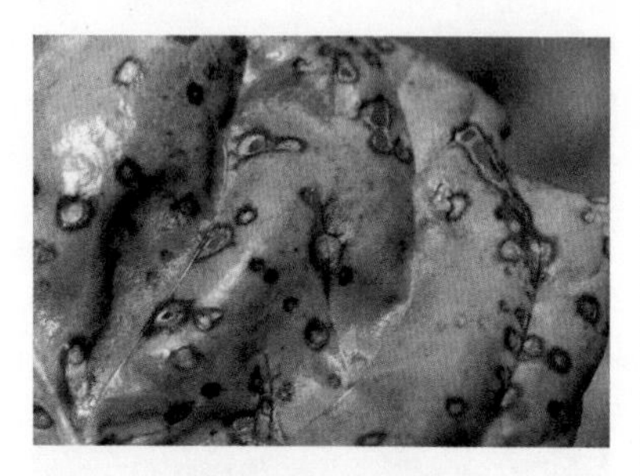

叶菾菜尾孢叶斑病病斑

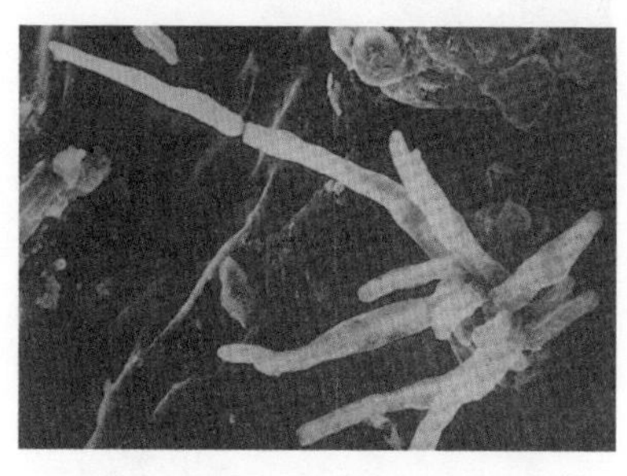

菾菜生尾孢分生孢子梗和分生孢子

病原 *Cercospora beticola* Sacc.，称菾菜生尾孢，属真菌界子囊菌门尾孢属。子座球形，褐色。分生孢子梗 5 ～ 40 根簇生，孢痕明显，有 2 ～ 4 个膝状屈折，1 ～ 3 个隔膜，大小（20 ～ 45）μm×（3 ～ 4.5）μm。分生孢子单生，针形或圆柱形，顶端尖，基部平截，隔膜多不明显，脐点明显加厚，大小（22.5 ～ 110）μm×（2.5 ～ 5）μm。生长适温 27 ～ 30℃，低于 5℃、高于 37℃不发育，45℃经 10min 致死。分生孢子萌发适温 26 ～ 31℃，适宜相对湿度 98% ～ 100%，高温高湿孢子易失活。

传播途径和发病条件 以菌丝块或分生孢子在病残体或种子上越冬。翌年春条件适宜，菌丝块上产出分生孢子，借气流或雨水传播蔓延。病菌由气孔侵入，经 9 ～ 10 天潜育，又可产出分生孢子，进行再侵染。当平均最低气温高于 13℃，旬均温 19 ～ 25℃，降雨 1 ～ 2 天以上、每次降雨量大于 10 ～ 20mm 发病重。

防治方法 ①实行 2 年以上轮作，施用腐熟有机肥。②选用无病或储存 2 年以上的陈种子播种。③棚室于发病初期喷撒 6.5% 甲硫 • 霉威超细粉尘剂，每 667m^2 每次 1kg，于傍晚用手摇喷粉器喷撒。④露地于发病初期喷洒 80% 丙森 • 异菌脲可湿性粉剂 900 倍液或 50% 多菌灵可湿性粉剂 600 倍液或 78% 波 • 锰锌可湿性粉剂 600 倍液、20% 唑菌酯悬浮剂 900 倍液、10% 苯醚甲环唑微乳剂 900 倍液，每 10 天左右 1 次，连续防治 2 ～ 3 次。

叶菾菜霜霉病

症状 此病局部或系统侵染莙荙菜生长点后，致病株变形。心叶染病后病叶小而肥厚，反卷或皱缩，失绿变黄。叶片染病，叶背生有灰紫色菌丝。

病原 *Peronospora farinosa*（Fr.）Fr. *forma specialis betae* Buford，称粉霜霉甜菜生理型，属假菌界卵菌

门霜霉属。

叶菾菜霜霉病病叶

传播途径和发病条件　病菌以带菌种子或菌丝体和分生孢子在母根和种球上或以少数卵孢子在染病的病株上越冬。翌年栽植带病母根病菌随新叶生长侵染幼芽，成为该病初侵染源。湿度大时能产生分生孢子，借风雨传播蔓延，分生孢子在水滴中萌发，靠芽管从表皮直接侵入到叶片薄壁组织，产生菌丝体在细胞间扩展，同时产生线球状的吸器穿透叶菾菜细胞壁，吸取养分和物质。气温16℃、相对湿度75%该病潜育期最短，利其产生大量分生孢子，使病害扩展。生产上施氮肥过多易发病。

防治方法　①加强检疫，防止该病扩大蔓延。②发病初期注意拔除病株，集中深埋或烧毁。③发病初期喷洒66%二氰蒽醌水分散粒剂1500～2000倍液、60%锰锌·氟吗啉可湿性粉剂700倍液、250g/L嘧菌酯悬浮剂1000倍液、68%精甲霜·锰锌水分散粒剂600倍液、50%氟吗·乙铝可湿性粉剂600倍液，速效性好，持效期长。

叶菾菜黄化病毒病

症状　系统侵染，在叶片上产生明脉症，老叶逐渐黄化，植株明显矮缩，叶片皱缩不展。

叶菾菜黄化病毒病

病原　*Beet yellows virus*（BYV），称甜菜黄化病毒，属长线形病毒科长线形病毒属。能系统侵染莙荙菜、甜菜、番杏等，局部侵染甜菜等。

传播途径和发病条件　汁液不易接种，桃蚜（*Myzus persicae*）、蚕豆蚜（*Aphis fabae*）及其他蚜虫可传毒，种子不传染。

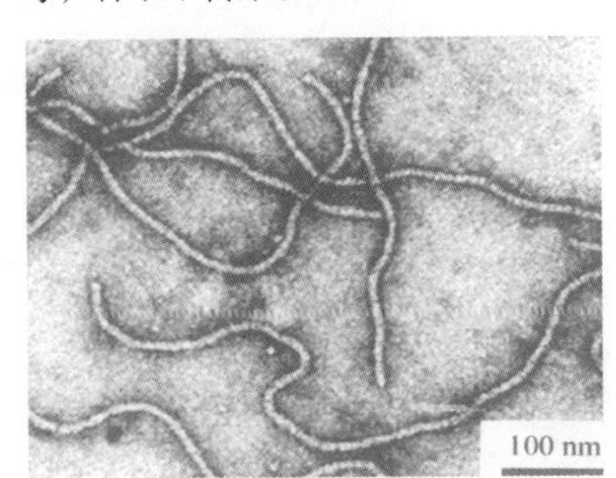

甜菜黄化病毒（BYV）

防治方法　参见苦苣花叶病毒病。

十八、蕺菜（鱼腥草）病害

蕺菜　学名 *Houttuynia cordata* Thunb.，别名侧耳根、蕺儿根、菹菜、鱼腥草。三白草科蕺草属，以嫩茎叶供食的野生、多年生草本植物。在自然条件下主要野生在潮湿的田埂或沟旁，近年贵州、四川已人工栽培成功。鱼腥草生长期长，四季均可收获，经济效益高。

蕺菜紫斑病

症状　主要为害叶片。初时病斑近圆形，绿色、灰绿色至灰褐色。后期叶面病斑中央浅黄褐色至浅褐色，边缘暗褐色至近黑色，有时无明显边缘，直径 5 ～ 15mm；叶背面黄褐色至灰褐色。

病原　*Pseudocercospora houtthuyniae*（Togashi & Kats.） Guo & W.X.Zhao，称蕺菜假尾孢，属真菌界子囊菌门假尾孢属。

蕺菜叶上的紫斑病

传播途径和发病条件　病菌以菌丝和分生孢子在病部越夏或越冬。翌年产生的分生孢子借风雨传播蔓延，一般 7 ～ 8 月发病。病部又产生分生孢子进行再侵染。发病一直延续到收获。高温高湿或栽植过密、通风透光差及氮肥施用过量发病重。

防治方法　①选用抗病的优良品种，及时摘除病叶，收获后及时清除病残体。②加强管理，雨后及时排水，防止湿气滞留。③发病初期喷洒 78% 波・锰锌可湿性粉剂 600 倍液或 70% 丙森・多菌灵可湿性粉剂 600 倍液。

蕺菜白绢病

症状　地下茎及地上茎叶均可发病。植株生长前期、封行前以地下茎受害为主，植株生长中后期、封行后地下茎及接近地表的地上茎叶可同时受害。植株封行前发病者，发病初期地上茎、叶变黄，地下茎遍生白色绢丝状菌丝体，并逐渐软腐，在布满菌丝的茎及其附近地表上产生大量油菜籽状菌核。菌核初白色，老熟后黄褐色，直径 1 ～ 2mm。植株封行后发病，往往因接近地表处的地上茎软腐，失去传导功能而导致萎蔫，成片倒伏，并在病株所在地表周围产生大量白色绢丝状菌丝体及菌核，特别是在连续阴雨条件下发病更重，后期整个植株枯黄死亡。

蕺菜白绢病

病原 *Sclerotium rolfsii* Sacc.，称齐整小核菌，属真菌界子囊菌门小核菌属；有性态为 *Athelia rolfsii*（Curzi）Tu.& Kimbrough.，称罗耳阿太菌，属真菌界担子菌门阿太菌属。

传播途径和发病条件 病菌以菌核遗留在土中或在病残体上越冬。翌年气温回升后，在适宜湿度条件下萌发，产生菌丝，从地下茎或地上茎的地表处侵入，形成中心病株，并向四周扩散。田间主要借雨水、灌溉水、施肥等传播，新种植区初侵染源主要来自种茎，老种植区主要来自土中菌核。连作地发病很重。据 1992 年 6 月上旬在四川中江县朝中乡调查连作地病株率 60% 以上，轮作地病株甚少。中江县 5 ～ 10 月均可发病，一般以高温高湿的 6 ～ 8 月发病重。

防治方法 ①选地轮作。重病地最好水旱轮作。如采用蕺耳根、秋冬菜、春菜、水稻、秋冬菜或蕺耳根、小麦、水稻、秋冬菜两年五熟或两年四熟轮作模式效果好。②选择排灌方便、疏松肥沃的土壤。③严格选种剔除病种茎。④加强田间管理，连阴雨季节注意排水，天旱注意灌水。⑤发病初期喷洒 40% 菌核净水乳剂 600 倍液或 50% 异菌脲可湿性粉剂 1000 倍液、25% 戊唑醇乳油 2000 倍液，隔 10 天 1 次，共防治 2 ～ 3 次。采收前 7 天停止用药。

蕺菜茎基腐病

症状 主要为害根茎部和根部。发病后地上部出现萎蔫，检视茎基部和根颈部，出现水渍状褐色斑，湿度大时，病部生灰白色菌丝状物。种植过密、土壤湿度大常发病。

蕺菜茎基腐病

病原 *Rhizoctonia solani* Kühn，称立枯丝核菌，属真菌界担子菌门无性型丝核菌属。

传播途径和发病条件、**防治方法** 参见落葵茎基腐病和茎腐病。

蕺菜鱼腥草生尾孢叶斑病

症状 病斑生在叶上，圆形至

近圆形，直径1～8mm，病斑初期呈白色小点，后病斑中央灰白色至灰色，边缘围以暗褐色线圈，具浅黄褐色晕，叶背面病斑灰褐色至褐色，有时病斑脱落形成穿孔，别于假尾孢紫斑病。

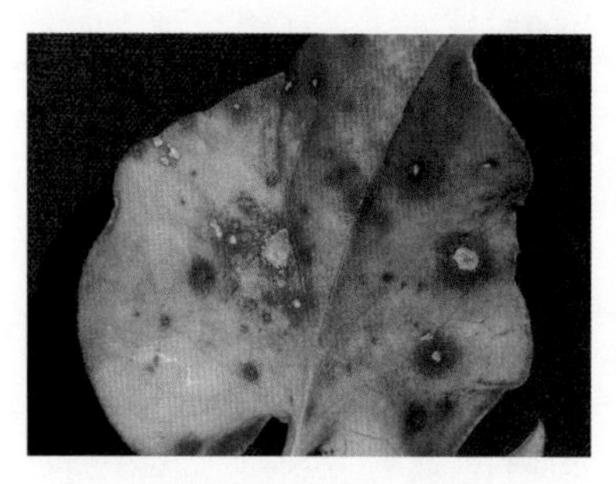

蕺菜鱼腥草生尾孢叶斑病

病原 *Cercospora houttuyniicola* Goh & W.H.Hsieh，称鱼腥草生尾孢，属真菌界子囊菌门尾孢属。

传播途径和发病条件 病菌以菌丝体在病株或病残体上越冬。侵染发病后又产生大量分生孢子，借气流传播，栽植过密、湿度高、多雨中下部叶片易发病。

防治方法 ①发现病叶及时摘除，合理施肥、灌水，提高抗病力。②发病前或初期喷洒50%甲基硫菌灵可湿性粉剂700倍液或70%丙森锌可湿性粉剂500倍液、70%丙森·多菌灵可湿性粉剂700倍液，隔10天左右1次，防治2～3次。

蕺菜叶点霉叶斑病

症状 初发病时叶面产生不规则或近圆形病斑，边缘紫红色，中央灰白色，湿度大时病斑浅灰色，病情严重的几个病斑融合，病斑中央有时穿孔，造成叶片局部或全部干枯。

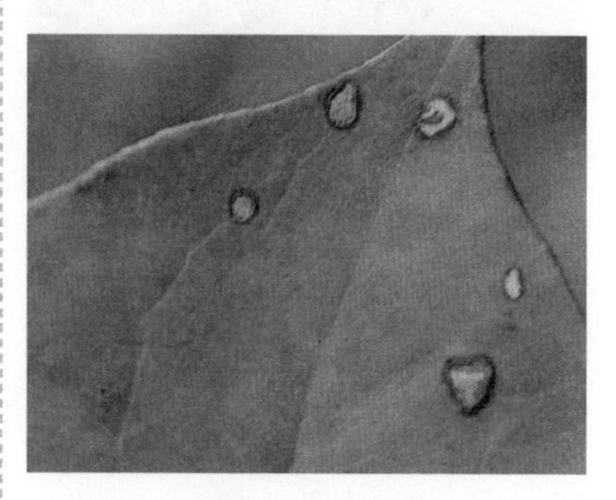

蕺菜叶点霉叶斑病

病原 *Phyllosticta houttuyniae* Sawada，称蕺菜叶点霉，属真菌界子囊菌门叶点霉属。分生孢子器单腔，初埋生，后露出孔口。产孢细胞卵圆形或圆形，无色，光滑，全壁芽生式产孢。分生孢子椭圆形，单胞，无色，基部平截，染色后可见一根附属丝，具油球。

传播途径和发病条件 病菌以分生孢子器在病株上或随病残体越冬。翌年从分生孢子器中涌出大量分生孢子，借风雨传播，多在7～8月发病，病部又产生分生孢子进行再侵染，一直到收获。高温高湿或密度大、通风不良发病多。

防治方法 ①冬前清除病残体。②发病前喷洒40%波尔多精可湿性粉剂800倍液预防。③发病初期喷洒20%噻菌铜悬浮剂500倍液、22.7%二氰蒽醌悬浮剂500～700倍液。

蕺菜根腐病

症状 发病初期地上部症状不明显，随根部染病的扩展，地上部出现生长衰弱，部分茎枝开始变黄，严重的不断枯死。

病原 *Fusarium* sp.，称一种镰刀菌，属真菌界子囊菌门镰刀菌属。该菌产生大小两种孢子。大型分生孢子镰刀形，1～5个隔膜。小型分生孢子长椭圆形，单胞，无色。

蕺菜根腐病

传播途径和发病条件 病菌在土壤中存活或以菌丝体随病残体越冬。条件适宜时借灌溉水、施肥或病土传播，植地排水不良或土壤黏重易发病，生长衰弱的田块发病重。

防治方法 ①增施腐熟有机肥，增强抗病力。②发病初期浇灌50%异菌脲可湿性粉剂1500倍液或30%恶霉灵水剂800倍液、70%百·福可湿性粉剂600倍液，5～7天1次，连用3次。

蕺菜病毒病

症状 叶上现黄色云纹状退绿斑，叶脉上现紫红色条纹。

病原 CMV称黄瓜花叶病毒，属雀麦花叶病毒科黄瓜花叶病毒属。

蕺菜（CMV）病毒病

传播途径和发病条件、**防治方法** 参见菠菜病毒病。

十九、鸭儿芹病害

鸭儿芹　学名 *Cryptotaenia japonica* Hassk.，别名三叶、野蜀葵，是伞形科鸭儿芹属多年生草本植物。在中国、日本、朝鲜和北美洲东部广泛分布。我国作为汤料或“色拉”菜生食。

鸭儿芹锈病

症状　主要为害叶片和叶柄。初在叶背面散生黄褐色多角形轮廓不明显的小疱，直径 0.5mm，后变褐色隆起，即夏孢子堆，夏孢子堆表皮破裂，散出橙黄色的夏孢子。叶柄染病，初生褐色斑，病斑融合呈长条状，秋季夏孢子堆暗褐色脓肿状，形成暗褐色冬孢子。

鸭儿芹锈病病叶

病原　*Puccinia tokyensis* P. Sydow & Sydow，称东京柄锈菌，属真菌界担子菌门柄锈菌属。

传播途径和发病条件　病菌以冬孢子在病残体上越冬。翌年春产生夏孢子，借风传播蔓延，侵入寄主经 10 天潜育即发病，又产生夏孢子进行再侵染。气温 22 ～ 23℃，降雨多易发病，24℃以上发病重。

防治方法　发病初期喷洒 30% 苯醚甲环唑 · 丙环唑乳油 2000 倍液或 10% 己唑醇乳油 2500 倍液。

鸭儿芹枯萎病

症状　发病初期叶片、叶柄白天萎蔫，不久出现叶片变黄变褐后枯萎。轻者植株上仅有数片叶子黄化。剖检根部可见维管束也变成褐色。根呈褐色腐烂。田间湿度大时，茎基部也变褐色或黑色，有时生出少量白霉，即病原菌分生孢子梗和分生孢子。

鸭儿芹枯萎病

病原 *Fusarium oxysporum* Schlechtendahl f.sp. *apii*（Nels. et Sherb.）Snyder & Hansen，称尖孢镰刀菌芹菜专化型，属真菌界子囊菌门镰刀菌属。

传播途径和发病条件、防治方法参见菠菜枯萎病。

鸭儿芹菌核病

症状 多发生在根株的培育和软化过程中。叶柄出现水渍状软腐，并长出白色棉絮状霉层，后期长出较大黑色菌核。软化过程中成片枯萎腐烂，叶片上现褐色至灰色病斑，整株腐烂。

鸭儿芹菌核病症状

病原 *Sclerotinia sclerotiorum*（Lib.）de Bary，称核盘菌，属真菌界子囊菌门核盘菌属。除侵染鸭儿芹外，还可侵染芹菜、瓜类、茄果类、十字花科蔬菜及莴苣等多种绿叶蔬菜。病菌形态特征参见芹菜、西芹菌核病。

传播途径和发病条件 菌核落入地面后于春、秋两季萌发形成小子囊盘。子囊盘中的子囊孢子成熟后弹射出来侵染鸭儿芹。附在根上的菌核进入软化床时，直接长出芽管侵入鸭儿芹。菌核在表土层可存活2年，在湿地或地下10cm处则存活1年。子囊盘在成熟后20天左右死亡，这期间可以弹射出大量子囊孢子。发病适温20℃。

防治方法 ①实行3年以上轮作。②发病地块进行土壤深耕，把菌核埋入30cm以下，使其不能萌发出土。③发病地土壤消毒。前茬收获后灌水浸泡或闭棚7～10天，利用棚中高温杀灭表层菌核。④采用地膜覆盖，阻挡子囊盘出土。⑤控制棚室中温湿度，避免出现发病条件。⑥药剂防治参见芹菜、西芹菌核病。

鸭儿芹霜霉病

症状 主要为害叶片。初在下部叶面上生有白色菌丛，逐渐向四周扩展，致菌丛融合，叶面似铺一层白霉，即病菌孢囊梗和孢子囊。发病严重时，叶片变黄干枯。

鸭儿芹霜霉病叶背面的白色菌丝

病原 *Plasmopara nivea* (Unger) J. Schröt.，称雪白单轴霉，属假菌界卵菌门。

传播途径和发病条件 病菌以在寄主叶片内的卵孢子越冬。翌年春进行初侵染和再侵染。春、秋两季易发病。

防治方法 发病之前喷洒66%二氰蒽醌水分散粒剂1500～2000倍液，或66.8%丙森·缬霉威可湿性粉剂120g对水60kg喷洒，隔7天1次，连防3次。

鸭儿芹花叶病

症状 叶上出现浓淡相间的斑纹，叶片黄化，叶脉出现明脉，植株生长缓慢、萎蔫。有些花叶上呈现凹凸畸形斑。

病原 *Cucumber mosaic virus* (CMV)，称黄瓜花叶病毒，属雀麦花叶病毒科黄瓜花叶病毒属。

传播途径和发病条件 黄瓜花叶病毒主要靠桃蚜传播，也可通过人工操作接触摩擦传毒。栽培管理条件差、天气干旱、蚜虫数量多发病重。

鸭儿芹花叶病

防治方法 ①提倡使用防虫网，防治蚜虫传毒。②鸭儿芹培育根株期，从春播到晚秋都要注意防治蚜虫，喷洒10%吡虫啉可湿性粉剂1500倍液、50%抗蚜威超微可湿性粉剂1000倍液，消灭传毒蚜虫，可减轻为害。③发病初期开始喷洒5%菌毒清可湿性粉剂200倍液或20%吗胍·乙酸铜水溶性粉剂500倍液+0.01%芸薹素内酯乳油3000倍液，隔10天1次，连续防治2～3次。

二十、芫荽、香芹病害

芫荽　学名 *Coriandrum sativum* L.，别名香菜、胡荽、香荽等，是伞形科芫荽属中以叶及嫩茎为菜肴调料的一年生栽培种，属草本植物。我国普遍栽培。

香芹　学名 *Petroselinum hortense* Hoffm.，又称欧芹、洋芫荽、旱芹菜、荷兰芹等，是伞形科欧芹属中一、二年生草本植物。香芹主要用于食嫩叶，是香辛蔬菜，宜生食，此外还有根用香芹。香芹原产在地中海沿岸、西亚、古希腊、罗马一带，16世纪开始作蔬菜栽培，现成为名优蔬菜之一。

芫荽、香芹株腐病

症状　芫荽、香芹株腐病，又称死苗或死秧。常见于苗期和采种株。苗期染病，主要为害幼苗嫩茎或根茎部，刚出土幼苗即见发病，初茎部或茎基部呈浅褐色水渍状，后发生株腐或猝倒，严重的一片片枯死。采种株染病，引致全株枯死，在枯死病株一侧可见粉红色霉层，即病原菌分生孢子梗和分生孢子。

芫荽株腐病

病原　*Fusarium oxysporum* Schltdl.，称尖镰孢，属真菌界子囊菌门镰刀菌属。

传播途径和发病条件、防治方法　参见菠菜枯萎病。

芫荽、香芹立枯病

症状　与菠菜株腐病近似，田间难于区别。

芫荽立枯病

病原　*Rhizoctonia solani* kühn，称立枯丝核菌AG-4菌丝融合群，属真菌界担子菌门无性型丝核菌属。

传播途径和发病条件、防治方法　参见番杏褐腐病。

芫荽、香芹叶斑病

症状 主要为害叶片、叶柄和茎。叶片染病，初生橄榄色至褐色，不规则形或近圆形小病斑，边缘明显，扩展后中央灰色，病斑上着生黑色小粒点，即病原菌子实体。严重的，病斑融合成片，致叶片干枯。叶柄和茎染病，病斑为条状或长椭圆形褐色斑，稍凹陷。

芫荽叶斑病病叶

病原 主要有3种真菌，即 *Cercospora apii* Fres.，称芹菜尾孢；*Phyllosticta apii* Halsted，称旱芹叶点霉；*Septoria apiicola* Spegazzini，称芹菜生壳针孢，均属真菌界子囊菌门。

传播途径和发病条件 病菌主要以菌丝体潜伏在种皮里或随病残体留在土中越冬。潜伏在种皮里的菌丝能存活1年以上，可作远距离传播，菌丝上产生分生孢子梗和分生孢子，借风雨、农具及农事操作传播蔓延。在湿度大有水滴条件下，分生孢子萌发，产生芽管后从气孔或直接穿透表皮侵入。本病属高温域病害，温暖高湿利于发病，生产上20～25℃和多雨条件下发病重。此外，白天晴、夜间结露或气温忽高忽低或过高过低致寄主生长不良，抗病力下降都会使该病发生或流行。

防治方法 ①选用无病种子或进行种子消毒。如种子带菌，先把种子置入48～49℃温水中浸30min，不断搅拌，使种子均匀受热，浸种完毕迅速置入冷水中降温，晾干后播种。②加强管理。畦面要平，适当密植，及时间苗、锄草，注意通风透光、降低田间湿度，严禁大水漫灌。③收获后马上清除病残体，以减少菌源。④发病初期喷洒50%异菌脲可湿性粉剂800倍液或70%丙森锌可湿性粉剂600倍液或20%唑菌酯悬浮剂1000倍液，隔7～10天1次，连续防治2～3次。

芫荽、香芹白绢病

症状 为害植株茎基部。呈褐色湿腐状，整株外观呈枯萎状，湿度大时病株基部及四周土面上产生放射状白色菌丝体，后期菌丝纠结成菜籽

芫荽白绢病病株

状褐色小菌核，是鉴别该病的重要特征。

病原 *Sclerotium rolfsii* Sacc.，称齐整小核菌，属真菌界子囊菌门小核菌属。

传播途径和发病条件 病菌以菌核或菌丝体随病残体遗留在土中存活或越冬。条件适宜时菌核萌发产生菌丝，从香芹根部或茎基部伤口或直接侵入，经几天潜育期后开始发病，出现茎基湿腐，病部产生的菌丝向四周扩展引起再侵染。病原菌也可通过雨水或灌溉水传播蔓延。该菌菌核可在土中存活数年，只要有发病条件就可发病。菜地潮湿、气温高、密度大、通风不良或施用未腐熟土杂肥易发病。酸性土或黏重的土壤及连作地发病重。

防治方法 ①实行 3 年以上轮作。最好采用水旱轮作，防病效果好。②收获后注意清除病残体，并随即深翻晒土，并结合整地施入生石灰 50 ～ 150kg/667m^2，调节土壤 pH 值 7。③直播田或移植地用哈茨木霉菌 0.4 ～ 0.5kg/667m^2 与 50kg 细土混匀后撒在土表或栽植穴内。④发病初期喷淋 78% 波•锰锌可湿性粉剂 700 倍液或 25% 戊唑醇乳油 2000 倍液、40% 菌核净可湿性粉剂 600 倍液。

芫荽、香芹菌核病

症状 幼苗、成株均可发病，主要为害茎。从茎基部开始出现水渍状软腐，致幼苗折倒枯死；成株能支撑几天，湿度大时，病部生出繁茂的棉絮状白色菌丝，向四周健株蔓延，致病组织腐烂，后期在菌丝间形成黑色鼠粪状坚硬的菌核。该病腐烂时无异味，别于欧氏菌软腐病。

芫荽采种株菌核病

病原 *Sclerotinia sclerotiorum*（Lib.）de Bary，称核盘菌，属真菌界子囊菌门核盘菌属。

传播途径和发病条件 菌核遗留在土中或混杂在种子中越冬或越夏。混在种子中的菌核，随播种带病种子进入田间，或遗留在土中的菌核遇有适宜温湿度条件即萌发产出子囊盘，弹射出子囊孢子，随风吹到衰弱植株伤口上，萌发后引起初侵染。病部长出的菌丝又扩展到邻近植株或通过病、健株直接接触进行再侵染，引起发病，并以这种方式进行重复侵染，直到条件恶化，又形成菌核落入土中或随种株混入种子间越冬或越夏。南方 2 ～ 4 月及 11 ～ 12 月适其发病，北方 3 ～ 5 月发病多。本菌对水分要求较高；相对湿度高于 85%，温度在 15 ～ 20℃利于菌核萌发和菌丝生长、侵入及子囊盘产生。因此，低温、湿度大或多雨的早春或晚秋有利于该病发生和流行，菌核形成时间短，数量多。连年种植芹菜、葫芦科、茄科及十字花科蔬菜的田块，排水不良的低洼地或偏施氮肥或霜害、冻害条件下发病重。此外，栽植期对发病有一定影响。

防治方法　参见芹菜、西芹菌核病。

芫荽、香芹灰霉病

症状、病原、传播途径和发病条件参见芹菜、西芹灰霉病。

防治方法　①选用沙滘芫荽、天津芫荽、大叶香菜等耐低温品种，可减轻发病。②其他防治方法参见芹菜、西芹灰霉病。

芫荽（洋芫荽）灰霉病

芫荽、香芹根腐病

症状　苗期、成株均可发病。苗期染病，初发病时根部呈水渍状变褐，湿度大时病部长出白色菌丝。成株染病，整株萎蔫，根茎和根变褐，初红褐色至黄褐色，后变成黑褐色腐烂，病株很易拔出，雨天多或土壤高湿持续时间长时，病部生出粉红色菌丝，即病原菌分生孢子梗和分生孢子。

芫荽（洋芫荽、荷兰芹）根腐病症状

病原　*Fusarium* sp.，称一种镰刀菌，属真菌界子囊菌门镰刀菌属。该菌生大小两种类型的分生孢子。大型分生孢子镰刀形，有3个分隔。小型分生孢子椭圆形，单细胞。

传播途径和发病条件、防治方法　参见蕹菜根腐病。

芫荽、香芹细菌软腐病

症状　芫荽、香芹软腐病主要发生在叶柄和叶上。先出现水浸状、淡褐色纺锤形或不规则形凹陷斑，后呈湿腐状，变黑发臭，仅残留表皮，具恶臭味。

病原　*Pectobacterium carotovora* subsp. *carotovora*（Jones）Bergey et al.，称胡萝卜果胶杆菌胡萝卜致病变种，属细菌界薄壁菌门。

芫荽细菌软腐病病株

传播途径和发病条件 病原细菌在土壤中越冬，从伤口侵入，借雨水或灌溉水传播蔓延。该病在生长后期湿度大的条件下发病重。有时与冻害或其他病害混发。

防治方法 ①实行2年以上轮作。②栽植、松土或锄草时避免伤根；培土不宜过高，以免把叶柄埋入土中，雨后及时排水；发现病株及时挖除并撒入石灰消毒；发病期减少或暂停浇水。③发病初期喷洒20%叶枯唑可湿性粉剂600倍液或90%新植霉素可溶性粉剂4000倍液、72%农用高效链霉素可溶性粉剂3000倍液、3%中生菌素可湿性粉剂600倍液、20%噻菌铜悬浮剂500倍液，隔7～10天1次，连续防治2～3次。

芫荽、香芹细菌疫病

症状 初在叶片上出现很小斑点，发展严重的，细菌侵入叶脉后扩展到叶柄。

病原 *Xanthomonas campestris* pv. *coriandri*（Srinivasan，Patel et Thirumalachar）Dye，称油菜黄单胞菌芫荽致病变种，属细菌界薄壁菌门。

传播途径和发病条件 病原细菌在病残组织及土壤中越冬。借灌溉水、肥料、农具等进行传播，病株地上部也可借风雨接触传染，多从伤口侵入而引起发病。栽植过密、通风透光不良、高温高湿条件易诱发此病。

芫荽细菌疫病病株

防治方法 ①育苗移栽的，注意剔除病苗，发现病株及时挖除，集中深埋或烧毁。②使用充分腐熟有机肥，严禁使用带菌肥料，使用鸡粪时一定要充分发酵，防止烧苗引起发病。③发病初期喷洒20%叶枯唑可湿性粉剂600倍液或72%农用高效链霉素可溶性粉剂3000倍液、90%新植霉素可溶性粉剂4000倍液、53.8%氢氧化铜水分散粒剂500倍液、40%王铜・霜脲氰可湿性粉剂120～160g，对水45～75kg，隔7～10天1次，共防治2～3次。

芫荽、香芹花叶病毒病

症状 植株生长期间现黄色花

叶或花叶，一般心叶发病多，多表现为轻型花叶，有时心叶现皱缩花叶，向后翻卷，严重的植株矮化。

病原 有黄瓜花叶病毒（CMV）和马铃薯Y病毒[Potato virus Y（PVY）]。

芫荽花叶病毒病

传播途径和发病条件 黄瓜花叶病毒和马铃薯Y病毒主要靠蚜虫传毒。

防治方法 ①选用沙滘芫荽、天津芫荽等耐热品种。②及时防治传毒蚜虫。③发病初期药剂防治参见菠菜病毒病。

芫荽、香芹根结线虫病

症状、**病原**、**传播途径和发病条件**、**防治方法**参见菠菜根结线虫病。

香芹根结线虫病病根上的根结

二十一、紫背天葵病害

紫背天葵　学名 *Gynura bicolor*（Willd.）DC.，又称红凤菜、血皮菜、观音苋，是菊科菊三七属中以嫩茎叶作菜用的半栽培种，属宿根常绿草本植物。

紫背天葵炭疽病

紫背天葵炭疽病是紫背天葵生产上常发生的一种叶部病害，有的年份发病重。

症状　叶片、茎、叶柄均可受害。叶片染病，初生紫褐色小斑点，中央灰白色，四周有较宽的紫褐色圈，病斑圆形，直径 3 ～ 10mm，病斑稍凹陷，后期病斑上生出黑色小粒点，即病原菌的分生孢子盘，干燥条件下，病斑易破裂穿孔，多个病斑融合，造成叶片坏死干枯。叶柄、茎染病，产生水渍状斑点，扩展后变成椭圆形至梭形浅褐色斑，中央稍凹陷，严重的造成茎折倒或烂茎、烂梢。

病原　*Gloeosporium carthami*（Fukui）Hori et Hemmi，称红花盘长孢，属真菌界子囊菌门小丛壳属。

传播途径和发病条件　病菌随病残体遗落在土中或在病株上越冬。条件适宜时产生分生孢子，借风雨传播，进行初侵染和多次再侵染。雨天多、湿度大易发病。南方 3 月下旬开始发病，5 ～ 6 月进入发病盛期。北方 6 月开始发病，7 ～ 8 月雨季进入发病盛期。

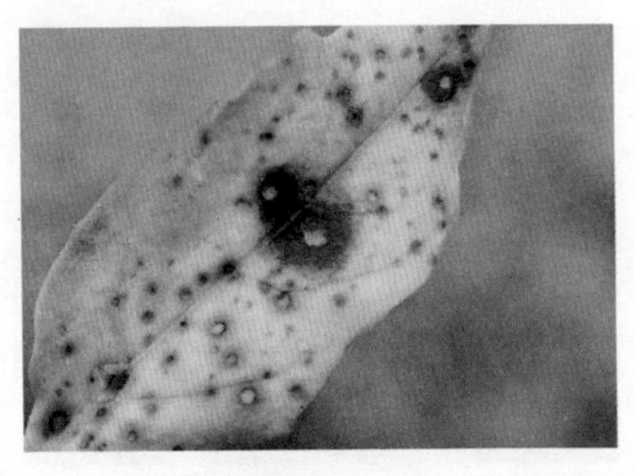

紫背天葵炭疽病

防治方法　①秋冬季注意清除病残体，适时采收。②雨后及时排水，防止湿气滞留，不要栽植过密，棚室要注意通风散湿。③发病初期喷洒 32.5% 苯甲・嘧菌酯悬浮剂 1500 倍液或 25% 咪鲜胺乳油 500 ～ 1000 倍液，30% 醚菌酯可湿性粉剂 1200 倍液、20% 硅唑・咪鲜胺水分散粒剂 $70g/667m^2$，对水 60kg，隔 7 ～ 10 天 1 次，连续防治 2 ～ 3 次。

紫背天葵尾孢叶斑病

症状　叶上初生灰白色或灰褐色小圆点，直径 1mm，后扩展成灰褐色中型病斑，病斑中央灰白色，边缘有紫色宽围线，多个病斑融合后致叶片干枯。

病原 *Cercospora* sp.，称一种尾孢，属真菌界子囊菌门尾孢属。

传播途径和发病条件 病原菌在病株的病叶上越冬。条件适宜时产生分生孢子，借风雨传播，进行多次再侵染，扩大为害，高湿持续时间长易发病。

紫背天葵尾孢叶斑病

防治方法 ①在无病株上采种，远离发病地种植。②及时清除病残组织，以减少菌源。③加强田间管理，增施磷钾肥，提高抗病力。④发病初期摘除病叶，并喷洒70%甲基硫菌灵可湿性粉剂800倍液或20%唑菌酯悬浮剂900倍液、78%波·锰锌可湿性粉剂600倍液。

紫背天葵灰霉病

症状 苗期、成株均可发病。多从叶尖、叶缘或茎部出现水渍状病变，后长出灰霉，干燥条件下病部呈干腐状，湿度大时病部表面长出灰色霉状物，即病原菌的分生孢子梗和分生孢子。

紫背天葵灰霉病

病原 *Botrytis cinerea* Pers. : Fr.，称灰葡萄孢，属真菌界子囊菌门葡萄孢核盘菌属。

传播途径和发病条件、防治方法 参见莴苣、结球莴苣灰霉病。

紫背天葵病毒病

症状 主要表现为叶片皱缩畸形，叶色浓绿、淡绿不匀，有的出现明显花叶或植株矮化。

病原 尚未见报道。

紫背天葵病毒病

传播途径和发病条件 紫背天葵主要靠扦插繁殖，成活后棚内高温干旱持续时间长易发病。

防治方法 ①注意观察传毒途

径，成活后注意防治蚜虫。②必要时喷洒1%香菇多糖水剂500倍液或30%盐酸吗啉胍可溶性粉剂900倍液或40%烯·羟·吗啉胍，每667m^{2}每次用可湿性粉剂120g，兑水50kg，10天1次，连防4次。

紫背天葵低温障碍

紫背天葵低温障碍

症状 越冬或早春栽培的紫背天葵受到低温或寒流侵袭时均可受冻，轻者叶缘变白，呈薄纸状，严重的似开水烫过或瘫倒在地。

病原 紫背天葵在早春或晚秋遇有低于–5℃的低温持续时间长，易发生冻害，持续2天以上或日均温降至–8℃就会发生严重冻害。

防治方法 ①选用耐低温的品种。对越冬栽培的紫背天葵应安排在背风、向阳的地方，荚风障。②施用腐熟的有机肥，有条件的可掺入适量马粪，采用配方施肥技术，注意控氮肥，增施磷钾肥，促进根系发育，以增强抗寒力。③棚室栽培的采用覆盖保护栽培技术。此外，要适时中耕，疏松土壤，提高地温。④必要时喷洒3.4%赤·吲乙·芸可湿性粉剂7500倍液。

二十二、京水菜、歪头菜、鼠尾草、花椒、胡椒病害

京水菜 学名 *Brassica juncea* var. *multiseta* L. H. Bailey，又称白茎千筋京水菜，是日本最新育成的一种外形新颖、含矿质营养丰富的蔬菜新品种，是以绿叶和白色叶柄为产品的一、二年生草本植物，外形介于不结球小白菜和花叶芥菜之间。深受消费者青睐，市场性好。

歪头菜 学名 *Vicia unijuga* A. Br.，异名两叶豆苗、小豆秧、野豌豆、对叶草藤等，属豆科多年生草本植物。幼苗可以食用，可在4月、5月采集高30cm以下嫩苗，用开水焯一下，换清水，浸泡后炒食，凉拌或做汤。

鼠尾草 学名 *Salvia japonica* Thunb.，多年生亚灌木状草本植物，又名撒尔维亚，用作芳香蔬菜或药用植物。

花椒 学名 *Zanthoxylum bungeanum* Maxim.，属芸香料落叶灌木或小乔木，是重要的香辛植物，属药食两用植物。

胡椒 学名 *Piper nigrum* L.，属胡椒科小型木本攀缘植物，是十分重要的香辛作物，果实是调味品，也可入药，是药食两用植物。

京水菜猝倒病

症状 主要为害叶片、叶柄。初发病时病部现暗绿色水渍状坏死，后病部软化腐烂，并迅速向四周扩展，在病部现棉絮状白色菌丝，致病株腐烂倒折。

京水菜猝倒病病苗

病原 *Pythium aphanidermatum*（Eds.）Fitzp.，称瓜果腐霉菌，属假菌界卵菌门腐霉属。在气温高的地区出现频率高。

传播途径和发病条件 病菌以卵孢子在12～18cm表土层越冬，并在土中长期存活。遇有适宜条件萌发产生孢子囊，以游动孢子或直接长出芽管侵入寄主。在土中营腐生生活的菌丝也可产生孢子囊，以游动孢子侵染幼株，田间的再侵染主要靠病株上产出孢子囊及游动孢子，借灌溉水或雨水溅附到贴近地面的根茎上，病菌侵入后，在皮层薄壁细胞中扩展，菌丝蔓延于细胞或细胞内，生产上进入

雨季，雨天多或连阴雨持续时间长，京水菜光合作用弱，植株呼吸作用增强，消耗加大，致幼茎细胞伸长，细胞壁变薄，病菌趁机侵入，引起猝倒病发生。该病发生与田间小气候关系密切，地势低洼、播种过密不通风、浇水过量土壤湿度大，引起该病流行。

防治方法 ①雨后及时排水，保护地加大放风力度，使其远离发病条件，可减少发病。②发病初期喷洒10%烯酰吗啉水乳剂300～400倍液或69%烯酰·锰锌可湿性粉剂700倍液，把表土层淋湿即可。

京水菜链格孢叶斑病

症状 叶片上生黑褐色圆形或长圆形至不规则形病斑，直径3～4mm。

京水菜链格孢叶斑病病叶上的黑斑

病原 *Alternaria* sp.，称一种链格孢，属真菌界子囊菌门链格孢属。

传播途径和发病条件、防治方法 参见茴香、球茎茴香叶枯病。

京水菜软腐病

症状 整个生长期均可发病。能侵染京水菜茎叶及根茎，田间发病多从根茎部开始侵入。病部初呈水渍状，暗绿色，染病后迅速向上或向下扩展，造成叶柄、根茎软化腐败，叶片瘫作一团，散发出硫化氢味。叶片染病的常从有伤口处侵入，很快成水渍状软腐，造成叶片腐烂。天气干燥时，病叶变成灰绿色干枯。

京水菜软腐病

病原 *Pectobacterium carotovora* subsp. *carotovora*（Jones）Bergey et al.，称胡萝卜果胶杆菌胡萝卜致病变种，属细菌界薄壁菌门。

传播途径和发病条件 病菌在南方可在田间辗转为害、传播蔓延，无需越冬。在北方，主要在病残株、种株、未腐解的病残体及害虫体内越冬。因其寄主广，故田间菌源多。经雨水、灌溉水、带菌肥料、昆虫等传播，从菜根伤口侵入。而且在整个生育期均可从根部侵入，引起生育期间及至储藏期受害。病菌喜高温、高湿条件。25～30℃的温度、90%以上的相对湿度利于病害侵染发生。雨水过多、灌水过度易于发病。伤口多发病重，尤其昆虫为害导致伤口，又带菌传播。久旱遇雨后，增加生理伤口，发病重。低洼积水不利伤口愈合，受害严重。播种早的易于受害。

防治方法 ①选高燥地块种植。②适时适量浇水，严防浇水过量。③注意防治地上、地下害虫。④发病初期及时喷洒72%农用高效链霉素可溶性粉剂3000倍液或20%噻菌铜悬浮剂500倍液、20%叶枯唑可湿性粉剂600倍液。

歪头菜链格孢叶斑病

症状 在歪头菜叶片上生椭圆形至长圆形病斑，大小6mm×5mm，黄褐色至暗褐色，霉丛主要生在病斑正面。

歪头菜链格孢叶斑病病叶

病原 *Alternaria tenuissima* (Kunze) Wiltshire，称细极链格孢，属真菌界子囊菌门链格孢属。

传播途径和发病条件、防治方法 参见蕹菜链格孢叶斑病。

鼠尾草链格孢叶斑病

症状 主要为害叶片、叶柄。叶片染病，初生浅黄褐色小点，稍现水渍状，四周颜色略浅，后扩展成大小不一、形状不规则大斑。叶柄染病，产生褐色梭形坏死斑。湿度大时病斑上现暗褐色至灰褐色霉，即病原菌的分生孢子和分生孢子梗。

病原 *Alternaria* sp.，称一种链格孢，属真菌界子囊菌门链格孢属。

传播途径和发病条件 病菌以菌丝体在病残体上越冬。条件适宜时产生分生孢子，借风雨传播进行初侵染和多次再侵染，气候温暖、雨天多或高湿持续时间长易发病。

防治方法 ①合理轮作，前茬收获后及时清除病残体，以减少菌源。②合理施肥，增强抗病力。③发病初期喷洒50%异菌脲可湿性粉剂1000倍液或50%咯菌腈可湿性粉剂5000倍液、325g/L苯甲·嘧菌酯悬浮剂，每667m^{2}用1200倍液，7天1次，连喷3次。

鼠尾草链格孢叶斑病

鼠尾草菌核病

症状 苗期、成株均可发病。

苗期、成株染病，初病部呈水渍状，后长出白色菌丝，菌丝纠结成鼠粪状黑褐色菌核，严重时成片染病，造成茎基部呈褐色腐烂。

鼠尾草菌核病

病原 *Sclerotinia sclerotiorum* (Lib.) de Bary，称核盘菌，属真菌界子囊菌门核盘菌属。

传播途径和发病条件、**防治方法** 参见莴苣、结球莴苣菌核病。

花椒锈病

症状 叶背面现黄色裸露的夏孢子堆，直径0.2～0.4mm，圆形至椭圆形，包被破裂后变为橙黄色，后又退为浅黄色，与夏孢子堆对应的叶

花椒锈病

面现红褐色斑块，秋末又产生圆形橙黄色冬孢子堆，直径0.2～0.7mm，严重时孢子堆扩展至全叶。

病原 *Coleosporium zanthoxyli* Diet. & P. Sydow，称花椒鞘锈菌，属真菌界担子菌门鞘锈菌属。

传播途径和发病条件 病菌以冬孢子在病残体上越冬。在温暖地区夏孢子可终年产生辗转传播，高温高湿条件有利该病发生和扩展。

防治方法 ①注意田园清洁，及时清除病落叶，集中烧毁。②发病初期喷洒12.5%烯唑醇可湿性粉剂2000倍液或25%戊唑醇乳油2000倍液、325g/L苯甲·嘧菌酯悬浮剂40～60ml，每667m^{2}对水50kg，7天1次，连喷3次。

胡椒瘟病

症状 又称基腐病、黑水病、疫霉病，可侵染幼苗或成株的任何器官。症状有三：一是整株发病，仅地面的个别叶片或花、果穗上产生黑绿色病斑，严重时整株叶片青枯下垂凋萎，果穗皱缩死亡；二是主蔓基部称椒头的内皮层和导管变黑，后期表皮亦变黑，木质部腐烂，雨季或湿度大时有黑水流出，造成整株枯死；三是叶片染病，产生圆形、半圆形灰黑色病斑，后变墨黑色，边缘向外呈放射状，湿度大时病斑现水渍状晕圈，病叶背面长出白色孢囊梗和孢子囊。

胡椒瘟病

病原 *Phytophthora palmivora* var. *piperis* Muller.，称棕榈疫霉胡椒变种，属假菌界卵菌门疫霉属。

传播途径和发病条件 带菌土壤是本病初侵染源，借雨水、灌溉水传播，从胡椒气孔和伤口侵入，全年均可发病。湿度大苗圃易发病，进入雨季很易流行成灾。

防治方法 ①植地在播种前用58%甲霜灵500倍液进行土壤处理。②发病初期喷洒250g/L嘧菌酯悬浮剂1000倍液或440g/L精甲·百菌清悬浮剂600～1000倍液。

二十三、罗勒、紫罗勒病害

罗勒 学名 *Ocimum basilicum* L.，别名毛罗勒、兰香等。属唇形科罗勒属中以嫩茎叶为食的一年生草本植物，是一种有消暑解毒功效的绿叶蔬菜。

罗勒、紫罗勒假尾孢叶斑病

症状 主要为害叶片。初发病时，叶上现紫色或灰褐色坏死的小斑点，后逐渐退浅变成近圆形灰白色病斑，四周产生紫色至灰褐色坏死宽环，形状不规则，边缘明显或不大明显。多个病斑相互融合造成叶片坏死干枯。湿度大时，病斑正背两面长出灰黑色霉状物，即病原菌的分生孢子梗和分生孢子。

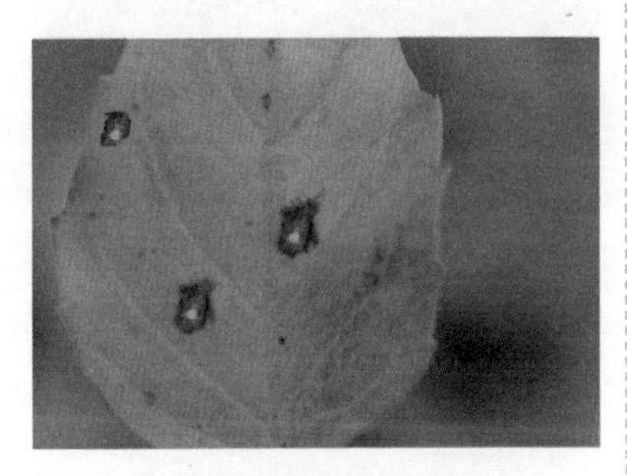

紫罗勒假尾孢叶斑病

病原 *Pseudocercospora ocimicola* (Petr.& Cif.) Deighton，称罗勒生假尾孢菌，属真菌界子囊菌门假尾孢属。

传播途径和发病条件 在土壤中越冬。条件适宜时，病斑上产生分生孢子，借风雨传播，进行初侵染和多次再浸染。温暖潮湿条件易发病。气温 18 ～ 25℃、空气相对湿度高于 80% 有利于该病发生和扩展。雨天多、多雾，棚室保护地昼夜温差大、结露持续时间长或棚内湿度高易发病。土质黏重、地势低洼、湿气滞留的发病重。

防治方法 ①收获后注意彻底清除病残体，集中深埋或烧毁，以减少菌源。②提倡轮作，施足有机肥，做到地平，大暴雨后马上排水，防止湿气滞留。③棚室保护地适时适量放风散湿，降低棚内湿度，可减少发病。④发病初期喷洒 80% 代森锰锌可湿性粉剂 600 倍液或 47% 春雷·王铜可湿性粉剂 700 倍液、20% 唑菌酯悬浮剂 900 倍液。⑤棚室保护地可选用粉尘法或烟雾法施药，以减少棚内湿度。

罗勒、紫罗勒菌核病

症状 保护地栽植罗勒时，菌核病时有发生。幼嫩植株染病多，是病菌的子囊孢子侵染引起的，一般幼苗或植株中下部叶片先受侵染，致幼苗嫩茎、嫩叶上产生絮状白霉，后菌丝纠结变成黑褐色菌核。成长植株染病，初呈水渍状，病部生出灰褐色或黑褐色不规则坏死斑，后病斑上也产生稀疏的白色菌丝层，最后长出菌核。温度低、湿度大时该病扩展迅速，有的短时间内即可造成许多病株大量茎叶坏死腐烂，无法上市。

紫罗勒菌核病

病原 *Sclerotinia sclerotiorum* (Lib.) de Bary，称核盘菌，属真菌界子囊菌门核盘菌属。

传播途径和发病条件、防治方法 参见莴苣、结球莴苣菌核病。

罗勒、紫罗勒链格孢叶斑病

症状 主要为害叶片。常从叶缘或叶尖开始发病，产生“V”字形或不定形灰黑色坏死斑，湿度大时病部现稀疏的灰黑色霉，即病原菌子实体。

病原 *Alternaria alternata* (Fr.) Keissler，称链格孢，异名*A.tenuis* Ness，属真菌界子囊菌门链格孢属。

紫罗勒链格孢叶斑病

传播途径和发病条件、防治方法 参见茴香、球茎茴香叶枯病。

罗勒、紫罗勒炭疽病

症状 主要为害叶片。初在叶上现水渍状点，后扩展成近圆形至长圆形灰褐色病斑，湿度大时呈黑褐色，边缘较明显，后期在病部现红褐色黏稠物，即黏分生孢子团。干燥季节，病斑呈灰白色，四周褐色。

紫罗勒炭疽病

病原 *Colletotrichum* sp.，称一种刺盘孢，属真菌界子囊菌门无性型炭疽菌属。分生孢子盘散生或聚生，近圆形，初红褐色后变成黑褐色，具刚毛。刚毛圆柱状，黑褐色。

分生孢子直，圆柱状，两端钝圆，内生1～2个油球。

传播途径和发病条件、防治方法 参见紫背天葵炭疽病。

罗勒、紫罗勒病毒病

症状 全株性病害。幼嫩叶片上产生黄绿相间斑驳或花叶，有的略扭曲，病株矮，严重的叶片扭曲畸形，重病株常提前枯死。

病原 不详，待鉴定。

紫罗勒病毒病

传播途径和发病条件、防治方法 参见薄荷病毒病。

二十四、诸葛菜、珍珠菜、荠菜病害

诸葛菜　学名 *Orychophragmus violaceus*，又称二月兰、翠紫花，十字花科诸葛菜属一、二年生草本植物。其嫩茎叶可食用。

珍珠菜　学名 *Lysimachia clethroides*，又称矮桃、狗尾巴菜、狗尾巴蒿、红根草、矮婆子等，属报春花科多年生草本植物。其嫩苗、嫩茎叶可供食用。

荠菜　学名 *Capsella bursa-pastoris*（L.）Medic.，又称荠、护生草、菱角菜，是十字花科荠属中以嫩叶为食的一种绿叶蔬菜。

诸葛菜霜霉病

症状　主要为害叶、茎、花梗和种荚。叶片染病，正面产生浅绿色病斑，逐渐变成黄色或黄褐色。病斑扩大后受叶脉限制呈多角形。湿度大时，叶片背面生白霉，即病菌的孢囊梗和孢囊孢子。后期病斑变褐干枯。

诸葛菜霜霉病病叶两面症状

病原　*Peronospora parasitica*（Persoon）Fries，称寄生霜霉，属假菌界卵菌门霜霉属。

传播途径和发病条件、防治方法　参见荠菜霜霉病。

诸葛菜病毒病

症状　初发病时出现沿脉退绿，后逐渐产生花叶和斑驳，叶片皱缩扭曲，重病株朽住不长。

病原　*Turnip mosaic virus*（TuMV），称芜菁花叶病毒，属马铃薯 Y 病毒科马铃薯 Y 病毒属。

诸葛菜病毒病

传播途径和发病条件　桃蚜等以非持久方式传毒，机械接种也可传播，蚜虫密度大易发病，天旱受害重。

防治方法　①防治干旱，适当

浇水。②发现传毒蚜虫要及时喷杀虫剂，把蚜虫消灭在点片发生阶段。③必要时喷洒20%吗胍·乙酸铜可湿性粉剂500倍液+0.01%芸薹素内酯乳油3000倍液。

珍珠菜炭疽病

症状 又称红根草炭疽病，主要为害叶片。叶缘和叶尖染病，产生半圆形病斑，褐色至深褐色，边缘色深，中央略凹陷，病健分界处具黄晕。后期病斑上长出黑色小粒点，即病菌的分生孢子盘。

珍珠菜炭疽病病叶

病原 *Colletotrichum gloeosporiodes*（Penz.）Sacc.，称胶孢炭疽菌或盘长孢状刺盘孢，属真菌界子囊菌门无性型炭疽菌属。分生孢子盘略埋生在基质中，上面敞开，盘上有刚毛。分生孢子近椭圆形，单胞，无色。

传播途径和发病条件 病菌以菌丝体和分生孢子盘在病部或病残体上存活或越冬。以分生孢子借雨水溅射传播，从伤口侵入，进行初侵染和再侵染。温暖潮湿的天气或季节易发病。湿气滞留发病重。

防治方法 ①清除病落叶集中烧毁。②改善养护条件，注意通风换气，适时施肥提高抗病力。③发病初期喷洒32.5%苯甲·嘧菌酯悬浮剂1500倍液或40%多·福·溴菌可湿性粉剂600倍液、30%醚菌酯可湿性粉剂1500倍液、50%咪鲜胺可湿性粉剂3000倍液、70%丙森·多菌灵可湿性粉剂700倍液，7天1次，连防3次。

荠菜霜霉病

症状 为害叶片、花梗和采种株种荚。初在叶片上生浅黄绿色病变，后扩展成黄色坏死斑块，湿度大时叶背面生出一层白霉，即病原菌孢囊梗和孢子囊。致叶片黄化干枯。花梗、采种株染病，产生类似症状，不能正常结实。

荠菜霜霉病

病原 *Peronospora parasitica* var. *capsellae*（Pers.）Fr.，称寄生霜霉荠属变种，属假菌界卵菌门霜

霉属。

传播途径和发病条件 该菌在荠属活体植物上存活和越季，也可以卵孢子在病残体上越冬。条件适宜时借雨水或灌溉水溅射传播。气温16～20℃、湿度接近饱和或植株表面有水滴易发病。荠菜生长期间雨天多、田间湿度大或露水大发病重。

防治方法 发病前喷洒66%二氰蒽醌水分散粒剂1800倍液或68.75%氟菌·霜霉威悬浮剂，每667m² 用80～100ml，对水70kg，10天1次，连喷3次。

荠菜花叶病毒病

症状 全株性病变，病株叶色变浅，出现轻型花叶，有的外叶出现黄色花斑，植株略矮化。

病原 *Cucumber mosaic virus*（CMV），称黄瓜花叶病毒，属病毒。

荠菜花叶病毒病病株

传播途径和发病条件 在田间荠菜花叶病毒病主要靠桃蚜传毒，天旱蚜虫发生严重的地块，病毒病也重，田间或棚室温度高有利于该病发生。

防治方法 ①田间采用阻避蚜虫措施，及早灭蚜，可喷洒0.36%苦参碱水剂，每667m² 用50ml，药后14天防效高于啶虫脒。②发病前喷洒20%吗胍·乙酸铜可湿性粉剂300倍液混2%宁南霉素水剂500倍液。

二十五、薄荷病害

薄荷 学名 *Mentha arvensis* L. var. *Piperascens* Holmen，别名蕃荷菜，是唇形科薄荷属以嫩茎为食的栽培种，属多年生草本宿根性植物。原产北温带，我国各地均有栽培，其嫩茎叶为清凉调料，也可入药。

薄荷链格孢叶枯病

症状 发生在叶片上。初在叶上生大小不一淡褐色或暗褐色形状不规则的病斑，多个病斑相互融合成大斑，造成叶片枯死，湿度大时病斑表面长出灰黑色霉状物，即病菌分生孢子梗和分生孢子。

薄荷链格孢叶枯病

病原 *Alternaria alternata*（Fr.）Keissler，称链格孢，属真菌界子囊菌门链格孢属。

传播途径和发病条件 病菌以菌丝体和分生孢子在病残体上或随病残体遗落土中越冬。条件适宜时产生分生孢子，进行初侵染和再侵染。该菌寄生性虽不强，但寄主种类多、分布广泛，在其他寄主上形成的分生孢子，也是薄荷生长期中该病的初侵染和再侵染源，一般成熟老叶易染病。雨季或管理粗放、植株长势差，利于该病扩展。

防治方法 ①保护地抓好生态防治，及时放风，防止棚内温湿度过高，控制该病发生。②发病初期喷撒5%百菌清粉尘剂，每667m^{2}用1kg。③露地可按配方施肥要求，施足基肥，适时追肥，喷洒50%醚菌酯水分散粒剂1000倍液或50%异菌脲可湿性粉剂1000倍液、50%咯菌腈可湿性粉剂5000倍液、80%丙森·异菌脲可湿性粉剂900倍液，隔7～15天1次，防治2～3次。

薄荷茎枯病

症状 主要为害茎部，初在直立的地上茎部出现浅黄褐色至褐色坏死斑，后扩展成梭形至不定形黑褐色坏死条斑，造成病茎缢缩，病部干枯地上植株枯死。薄荷地下匍匐茎染病，也产生类似的症状，一段段变黑，也会造成地上部薄荷植株枯死。

薄荷茎枯病

病原 *Hymenoscyphus repandus*（W. Phill. ）Dennis，称波状膜盘菌，属真菌界子囊菌门。子囊盘浅黄色，新鲜时呈赭色，直径 1.5 ～ 2mm，具柄，柄长可达 2.5mm；子囊孢子无色，大小（8 ～ 12）μm×（2 ～ 2.5）μm。

传播途径和发病条件 病菌随病残体在土壤中越冬、越夏，也可随种苗调运进行远距离传播。空气湿度大有利于群体发病。该病第 1 次发病高峰在 5 月中下旬，雨天有利该病扩展，6 月下旬因高温而处于隐症状态。7 月头茬薄荷收获，10 月中旬二茬薄荷发病重。3 年连作田平均发病率达 83%。在薄荷生育期内，6 ～ 8 月的降雨量大，发病重。

防治方法 ①选用脱毒薄荷，由于该菌可在薄荷根里生存，因此选择脱毒薄荷对茎枯病的防治有显著效果。脱毒薄荷叶片肥厚，抗寒耐高温，抗病性强，是薄荷的首选品种。②采用配方施肥技术，$667m^2$ 施用农家肥 4000kg，配施复合肥 60kg。在 4 月下旬至 5 月上旬进行追肥，以叶面喷施磷、钾肥为主，第 1 茬收获后，每 $667m^2$ 增施尿素 15kg、钾肥 12kg，增强抗病力。③药剂处理土壤，在薄荷的预留地宜提前几天进行土壤处理，选用 37% 多菌灵草酸盐可溶性粉剂，每 $667m^2$ 用 10kg 撒在土表，然后翻耕。④发病前喷洒 40% 双胍三辛烷基苯磺酸盐可湿性粉剂 800 倍液，每周 1 次。也可喷洒 50% 多菌灵可湿性粉剂 600 倍液或 75% 甲硫・百菌清可湿性粉剂 450 倍液，隔 7 天 1 次，连续防治 2 ～ 3 次，对茎枯病有明显的控制作用。

薄荷白绢病

症状 发病初期病株地上部叶片褪色，茎基及地际处生有大量白色菌丝体和棕色油菜籽状小菌核，病情扩展后致植株生长势减弱、萎凋或全株枯死。

薄荷白绢病

病原 *Sclerotium rolfsii* Sacc.，称齐整小核菌，属真菌界子囊菌门小核菌属，有性态为 *Athelia rolfsii*（Curzi）C. C. Tu.& Kimbrough.，称罗耳阿太菌，属真菌界担子菌门阿太

菌属。

传播途径和发病条件 病菌以菌核或菌索随病残体遗落土中越冬。翌年条件适宜时，菌核或菌索产生菌丝进行初侵染，病株产生的绢丝状菌丝延伸接触邻近植株或菌核，借水流传播进行再侵染，使病害传播蔓延。连作或土质黏重及地势低洼或高温多湿的年份或季节发病重。

防治方法 ①重病地避免连作。②提倡施用生物有机肥或腐熟有机肥。③及时检查，发现病株及时拔除、烧毁，病穴及其邻株淋灌5%井冈霉素水剂1000倍液、78%波·锰锌可湿性粉剂500倍液、40%双胍三辛烷基苯磺酸盐可湿性粉剂900倍液、20%甲基立枯磷乳油1000倍液，每株（穴）淋灌0.4～0.5L。或用40%拌种灵加细沙配成1∶200倍药土混入病土，每穴100～150g，隔10～15天1次。④用培养好的哈茨木霉0.45kg，加50kg细土，混匀后撒覆在病株基部，能有效控制该病扩展。

薄荷尾孢叶斑病

症状 主要为害叶片。叶面上初生小黑点斑，后扩展成圆形至不规则形边缘黑色、中央灰白色较大病斑，轮纹不大清晰。子实体生于叶两面，灰黑色霉层状，后期病斑融合，致叶片干枯脱落，在田间下部叶片易发病。

病原 *Cercospora menthicola* Tehon et Daniels，称薄荷生尾孢，属真菌界子囊菌门尾孢属。

薄荷尾孢叶斑病

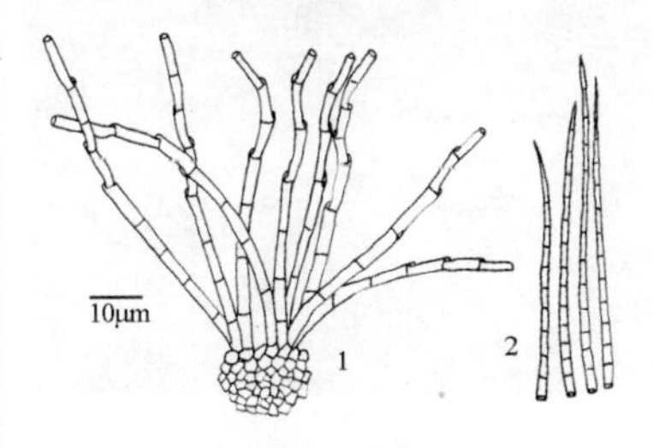

薄荷尾孢叶斑病病菌

1—子座及分生孢子梗；2—分生孢子

传播途径和发病条件 病菌以菌丝体和分生孢子在病残体上越冬，成为翌年的初侵染源。广东、云南8～11月发病，发生普遍，为害严重。

防治方法 ①施用生物有机肥或腐熟有机肥。②入冬前认真清园，集中把病残体烧毁。③发病初期及时喷洒50%多菌灵可湿性粉剂600倍液或20%唑菌酯悬浮剂900倍液、50%甲基硫菌灵悬浮剂600倍液、47%春雷·王铜可湿性粉剂600倍液，每667m^{2}用兑好的药液50L，隔10天左右1次，连续防治2～3次。

薄荷白粉病

症状 主要为害叶片和茎。叶两面生白色粉状斑，存留，初生无定形斑片，后融合，或近存留，后期有的消失。

病原 *Erysiphe biocellata* Ehrenb.，称小二孢白粉菌，属真菌界子囊菌门白粉菌属。

薄荷白粉病

传播途径和发病条件 病菌以子囊果或菌丝体在病残体上越冬。翌年春子囊果散发出成熟的子囊孢子进行初侵染，菌丝体越冬后也可直接产生分生孢子传播蔓延，薄荷生长期间叶上可不断产生分生孢子，借气流进行多次再侵染，生长后期才又产生子囊果进行越冬。田间管理粗放、植株生长衰弱易发病。

防治方法 发病初期喷洒25%乙嘧酚悬浮剂800～1000倍液或4%四氟醚唑水乳剂1200倍液或25%甲硫·腈菌唑可湿性粉剂，每667m^{2}用100～140g兑水50kg，10天1次，连喷3次。

薄荷霜霉病

症状 主要为害叶片和花器的柱头及花丝。叶面病斑浅黄色至褐色，多角形，湿度大时，叶背霉丛厚密，呈淡蓝紫色。

薄荷霜霉病病株

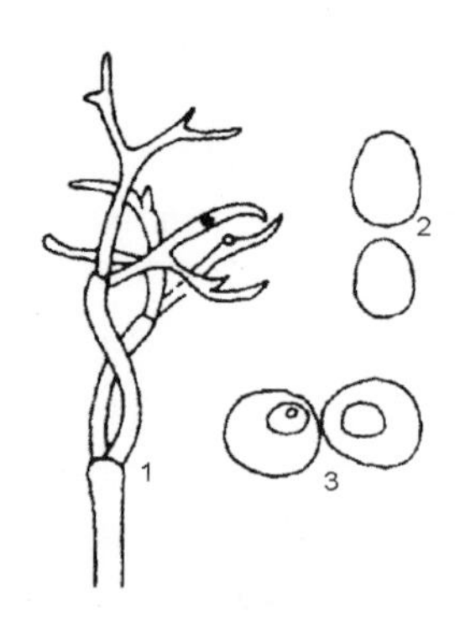

薄荷霜霉病病菌

1—孢囊梗；2—孢子囊；3—卵孢子

病原 *Peronospora menthae* X. Y. Cheng et H. C. Bai，称薄荷霜霉，属假菌界卵菌门霜霉属。孢囊梗稍小，直立，散生或丛生，无色或微带灰白色，大小（291～497）μm×（7～14）μm，呈锐角二叉式分枝

6～8次，顶端不对称；顶枝尖略弯，大小（10～18.5）μm×（1.9～2.5）μm；孢子囊卵圆形，淡紫褐色，大小（21.5～45.5）μm×（20～44）μm，未见卵孢子。

传播途径和发病条件、防治方法参见叶甜菜霜霉病。

薄荷斑枯病

症状 薄荷斑枯病又称白星病。主要为害叶片。叶面生有圆形至不规则形暗绿色病斑，直径2～3mm，后变褐色，中部退为灰色，周围具褪色边缘，病斑上生有黑色小粒点，即病原菌分生孢子器。发病重的病斑周围叶组织变黄，致早期落叶或叶片局部枯死。

病原 *Septoria menthae*（Thümen）Oudemans，称薄荷壳针孢，属真菌界子囊菌门壳针孢属。

薄荷斑枯病病叶上的病斑

传播途径和发病条件 病菌以菌丝体或分生孢子器在病残体上越冬。翌年产生分生孢子，借风雨传播，扩大为害。

防治方法 ①实行轮作。②收获后及时清除病残体，以减少菌源。③加强田间管理，雨后及时疏沟排水，降低田间湿度，可减少发病。④发病初期喷洒50%多菌灵可湿性粉剂600倍液、50%甲基硫菌灵悬浮剂700倍液，隔7～10天1次，连续防治2～3次。

薄荷锈病

症状 主要为害叶片和茎。叶片染病，初在叶面形成圆形至纺锤形黄色肿斑，后变肥大，内生锈色粉末状锈孢子，后又在表面生白色小斑，夏孢子圆形浅褐色，秋季在背面形成黑色粉状物，即冬孢子。严重的病部肥厚畸形。

病原 *Puccinia menthae* Pers.，称薄荷柄锈菌，属真菌界担子菌门柄锈菌属。

传播途径和发病条件 以冬孢子或夏孢子在病部越冬，该菌能形成中间孢子，能越冬和侵染，成为翌年初侵染源。锈孢子生活力不强，只能存活15～30天，该病传播主要靠夏孢子在生长期间进行多次重复侵染，使病害扩展开来。18℃利于夏孢子萌发，低温条件下可存活187天，25～30℃以上不发芽。冬孢子在15℃以下形成，越冬后产生小孢子进行侵染。该病发生在5～10月，多雨季节易发病。

防治方法 进入雨季或发病初期喷洒30%苯醚甲环唑·丙环唑乳

油 2000 倍液或 12.5% 烯唑醇可湿性粉剂 2000 倍液。

薄荷病毒病

症状 呈典型花叶症状，染病后植株叶片畸形，植株细弱。

病原 Zucchini yellow mosaic virus（ZYMV），称小西葫芦黄花叶病毒，属马铃薯 Y 病毒科马铃薯 Y 病毒属。

传播途径和发病条件 由桃蚜、棉蚜以非持久性方式传毒，种子不能传毒。该病毒可侵染 7 科 18 种植物，如苋色藜、千日红、甜瓜、西葫芦、丝瓜等。

薄荷病毒病

防治方法 参见荠菜花叶病毒病。

二十六、紫苏病害

紫苏　学名 *Perilla frutescens* L. Britt.，别名荏、赤苏、白苏，是唇形科紫苏属中以嫩叶为食的一年生草本植物。原产我国，过去主要分布在东南亚以及我国的华北、华中、华南、西南及台湾，有栽培和野生的。主要有皱叶紫苏、尖叶紫苏两个变种。

紫苏斑枯病

症状　又称褐斑病。发生在紫苏生长中后期，为害叶片。初在叶上产生近圆形至多角形小斑，中央灰白色或浅黄褐色，边缘黑色或褐色，直径 2 ～ 6mm，后期病斑长出不易看清的黑色小粒点，即病原菌的分生孢子器。严重时，病叶逐渐枯死脱落。

紫苏叶背和叶面上的斑枯病

病原　*Septoria perillae* Miyake.，称紫苏壳针孢，属真菌界子囊菌门壳针孢属。

传播途径和发病条件　病菌以菌丝体和分生孢子器随病残体在土壤中越冬。条件适宜时分生孢子器吸水膨胀，从器孔口涌出大量分生孢子，借风雨传播，溅射到植株叶片或茎部引起发病，发病后病斑上产生的分生孢子器又释放大量分生孢子进行多次再侵染，致该病扩展开来。雨天多、露水大、大雾持续时间长易发病。

防治方法　①不要在土质黏重的阴湿地栽培。棚室保护地栽培时不宜过密，并注意通风散湿。②发病前喷洒 10% 苯醚甲环唑水分散粒剂 900 倍液或 50% 吡唑醚菌酯乳油 1500 倍液、18% 戊唑醇水分散粒剂 1500 倍液。

紫苏尾孢叶斑病

症状　病斑生在叶片的正背两面，圆形至近圆形，多角形至不规则形，宽 1 ～ 6mm，叶面病斑中央灰白色至灰色或黄褐色至褐色，边缘围以褐色至暗褐色细线圈，或整个病斑灰褐色至灰黑色。叶背面病斑浅黄褐色至灰褐色。

病原　*Cercospora perillae* Nakata，称紫苏尾孢，属真菌界子囊菌门尾孢属。子实体生在叶两面，主要生在叶背面，子座小或无。分生孢子梗单生或2～16根簇生，浅褐色，不分枝，1～3个屈膝状折点。分生孢子针形，无色，直立或略弯曲，顶端尖细，基部近平截，有多个隔膜但不明显，大小（52.5～137.5）μm×（2.8～5）μm。

紫苏尾孢叶斑病

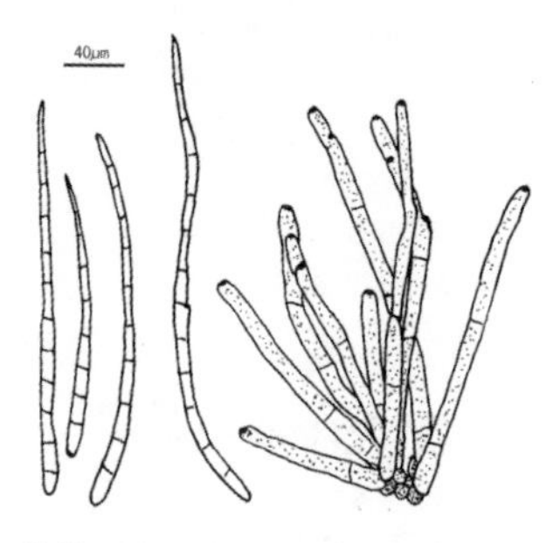

紫苏尾孢分生孢子和分生孢子梗

传播途径和发病条件 病菌随病株残体越冬。条件适宜时侵染发病，发病后，病部产生病菌孢子，借雨水和气流传播，进行重复侵染。温暖高湿有利发病。昼夜温差大，夜间长时间结露或紫苏生长期多阴雨、多雾，植株生长衰弱，病害发生较重。

防治方法 ①收获后彻底清除病残植株。②施足有机底肥，适当增施磷钾肥，加强田间管理，雨后防止田间积水。③发病初期喷洒70%丙森·多菌灵可湿性粉剂700倍液、70%丙森锌可湿性粉剂500～600倍液、50%异菌脲可湿性粉剂1000倍液。也可用上述杀菌剂涂抹病茎。

紫苏壳二孢轮纹病

症状 病斑生于叶上，近圆形，中央灰黑色、边缘深褐色至黑褐色，直径3～11mm，具不明显轮纹，后期病斑上现黑色小粒点，即病原菌的分生孢子器。

病原 *Ascochyta perillae* P. K. Chi，称紫苏壳二孢，属真菌界子囊菌门壳二孢属。

紫苏壳二孢轮纹病

传播途径和发病条件 病原菌以分生孢子器随病残体在土壤中越冬。翌年春条件适宜时，分生孢子器吸水，并释放出大量分生孢子，借风雨传播，进行初侵染和多次再侵染。雨天多、湿度大发病重。

防治方法 ①注意清除病残

体，以减少菌源。②进入雨季、雨天多的年份，露地栽培的紫苏可喷洒78%波·锰锌可湿性粉剂600倍液或60%多菌灵可湿性粉剂700倍液。

紫苏棒孢叶斑病

症状 主要为害叶片。初生褐色不规则小点，后扩展成近圆形至不规则形褐色至灰褐色大斑，病斑边缘较宽，紫褐色至红紫褐色，病斑中央灰褐色，具明显至不明显轮纹，病斑直径0.6～0.9mm。

紫苏棒孢叶斑病

病原 *Corynespora* sp.，称一种棒孢，属真菌界子囊菌门棒孢属。

传播途径和发病条件 以菌丝体和分生孢子梗在病部或随病残体遗落在土壤中越冬或越夏。分生孢子借风雨传播进行初侵染和再侵染。南方病菌辗转传播，无明显越冬期，天气高温多湿发病重。

防治方法 ①进行轮作，收获后及时深耕晒土，减少越冬菌源。②施用腐熟有机肥或蔬菜活性有机肥。③发病初期喷洒32.5%苯甲·嘧菌酯悬浮剂1500倍液或75%肟菌•戊唑醇水分散粒剂3000倍液。

紫苏茎腐病

症状 幼株、成株均可发病。病株地上部叶片从叶缘处开始退绿，后随病情扩展病株开始打蔫，严重时整株萎蔫死亡，拔出病株可见根茎部和根系已出现水渍状腐烂，剖开病茎可见维管束已褐变，湿度大时病茎基部生出白色霉丛，即病原菌分生孢子梗和分生孢子。

紫苏茎腐病

病原 *Fusarium* sp.，称一种镰刀菌，属真菌界子囊菌门镰刀菌属。

传播途径和发病条件 病原菌在土壤中越冬。条件适宜时，侵入紫苏，引起发病，雨天多、湿度大易发病。

防治方法 ①实行轮作。②发病初期喷洒40%双胍三辛烷基苯磺酸盐可湿性粉剂900倍液或50%多菌灵可湿性粉剂600倍液。

紫苏链格孢叶斑病

症状 主要发生在生长中后期，为害叶片、叶柄及茎秆。叶片染病，在叶上或叶缘初生褐色水浸状小斑点，后扩展成圆形或近圆形至不定形黄褐色或灰褐色中型病斑，边缘颜色较深，后期叶斑两面生出灰黑色霉状物，即病原菌分生孢子梗和分生孢子。病菌沿叶缘侵染的，向里扩展产生不规则形褐色坏死斑，致叶片提早枯死。

紫苏链格孢叶斑病

病原 *Alternaria alternata*（Fr.）Keissler，称链格孢，异名 *A.tenuis* Nees，均属真菌界子囊菌门链格孢属。

传播途径和发病条件、防治方法参见薄荷链格孢叶枯病。

紫苏锈病

症状 叶背面散生黄色近圆形裸生的小疱，即病原菌的夏孢子堆。发生严重时，病斑数量很多布满叶背，但叶片未见干枯。有时可见到叶背面的夏孢子堆几乎呈白色，是被 *Ramularia coleospori* Sacc.，即一种超寄生菌寄生所致。

紫苏锈病病叶上的夏孢子堆

病原 *Coleosporium perillae* P. Syd.，称紫苏鞘锈菌，属真菌界担子菌门鞘锈菌属。

传播途径和发病条件 病菌以冬孢子在病残体上越冬。在温暖的南方夏孢子可终年产生，辗转传播蔓延，有时见不到冬孢子阶段。高温、高湿条件易诱发该病。

防治方法 进入雨季或发病初期喷洒30%苯醚甲环唑·丙环唑乳油2000倍液或12.5%烯唑醇乳油2000倍液、10%已唑醇乳油3500倍液。

紫苏疫病

症状 叶片染病，初在叶缘产生水渍状病变，扩展后成为不规则的暗绿色大斑，边缘不明显，湿度大时病情扩展很快，造成病叶腐烂，干燥时病部干枯易破碎。茎染病，多在嫩节部或蔓茎基部产生暗绿色水渍状斑，扩展至绕茎1周后病部缢缩，变细软化，造成部位以上茎叶逐渐干枯。当多株多处节部染病，全株很快枯死。

紫苏疫病病叶

病原 *Phytophthora drechsleri* Tucker，称掘氏疫霉菌，属假菌界卵菌门疫霉属。

传播途径和发病条件 病菌以卵孢子或菌丝体随病残体在土壤中或土杂肥中越冬，借灌溉水或雨水溅射传播，从伤口或自然孔口侵入引起发病，发病后病部产生孢子囊和游动孢子继续传播蔓延。雨天多、湿度大发病重。

防治方法 采用起垄栽植，进入雨季或发病初期及时喷洒 0.3% 丁子香酚，或 72.5% 霜霉威盐酸盐 1000 倍液或 75% 丙森锌·霜脲氰水分散粒剂 600 ～ 800 倍液。

紫苏菌核病

症状 主要为害紫苏茎基部和叶片。叶片染病，初呈水渍状，扩展后产生灰褐色近圆形病斑，边缘不明显，湿度大时病叶上产生白色菌丝。茎染病，多发生在茎分杈处，初呈水渍状，后长出棉絮状菌丝，末期茎部中空，剖开可见白色菌丝和黑色菌核。

紫苏菌核病症状（李慧明摄）

病原 *Scterotinia sclerotiorum* (Lib.) de Bary，称核盘菌，属真菌界子囊菌门核盘菌属。

传播途径和发病条件 病菌以菌核随病残体在土壤中越冬，翌年遇湿度大菌核萌发产生子囊盘弹射出子囊孢子进行初侵染。气温 20℃左右，相对湿度 95% 以上发病重。

防治方法 ①有条件的最好与水生蔬菜轮作，或夏季灌水浸泡半个月使菌核失活。②栽植前用 2.5% 咯菌腈悬浮剂 5ml/m^2 混匀后均匀撒在苗床上。③发病初期喷洒 40% 嘧霉胺悬浮剂 900 倍液或 50% 啶酰菌胺水分散粒剂 1100 倍液，或 50% 腐霉·多菌灵可湿性粉剂，每 667m^2 用 90g 对水 50kg，隔 9 天 1 次，防治 2 ～ 3 次。

紫苏病毒病

症状 紫苏染病后叶片产生退

紫苏病毒病

绿斑，形成花叶状，叶面略皱缩，心叶稍变色。

病原 Perilla mottle virus（PerMoV），称紫苏斑驳病毒，是马铃薯Y病毒科马铃薯Y病毒属暂定种。

传播途径和发病条件、**防治方法** 参见菠菜病毒病。

二十七、绿叶蔬菜害虫

禾蓟马

学名 *Frankliniella tenuicornis*（Uzel），属缨翅目蓟马科。别名玉米蓟马、瘦角蓟马。

分布 内蒙古、辽宁、福建、广东、广西、四川、云南、西藏、陕西、甘肃、青海、宁夏、新疆、江西、河南等地。

寄主 空心菜、茄子、茄瓜及玉米、麦类、高粱、水稻等禾本科植物。

为害特点 多在寄主植物的心叶内活动为害。当食害伸展的叶片时，多在叶正面取食，叶片呈现成片的银灰色斑。为害严重的可造成大批死苗。

禾蓟马成虫

生活习性 贵州约年发生13代。越冬成虫于3月初开始活动，先后在小麦、稗草等春夏开花抽穗的寄主上繁殖4代，6月中旬后迁到稻株上产卵繁殖。禾蓟马在水稻、茭白上约年发生8代，又迁至其他寄主上取食为害。在玉米上以成虫为主，苗期多隐藏在心叶喇叭口内，多在叶正面食伸展的叶片，仅次于玉米黄呆蓟马。禾蓟马羽化后不久即可交尾，经1～3天开始产卵，成虫寿命24天，产卵历期19天。禾蓟马成虫比稻蓟马、稻管蓟马活泼、善跳，稍有惊动即迅速跳开或举翅迁飞。禾蓟马在相对湿度50%～90%均能发生，70%～85%较适。

防治方法 ①苗期剔除有虫株，带出田外沤肥或深埋，可减少虫源。②必要时喷洒10%吡虫啉或5%多杀霉素悬浮剂1500倍液。

小造桥虫

学名 *Anomis flava*（Fabricius），鳞翅目夜蛾科。别名棉小造桥虫、小造桥夜蛾。

分布 除新疆外的全国各地。

寄主 秋葵、冬苋菜、冬寒菜、木耳菜、棉、麻等。

为害特点 幼虫食叶，1～2龄幼虫仅食叶肉，残留表皮。3～4龄食叶成缺刻。5～6龄为害花、蕾、果和嫩枝。成虫吸食柑橘、芒果、番石榴等果汁。

小造桥虫幼虫和成虫

生活习性 在黄河流域年发生4代，长江流域年发生5～6代，以蛹在枯枝落叶间结茧越冬。翌春4月开始羽化，在湖北各代幼虫盛发期为5月中下旬、7月中下旬、8月中下旬、9月中旬和10月下旬至11月上旬，以第3、第4代发生较重。成虫有趋光性，卵散产于植株中部叶片背面，每雌可产卵800多粒。1～4龄幼虫常吐丝下垂，借风扩散。幼龄幼虫多在植株中下部为害，不易引起注意。5～6龄幼虫则多在上部叶背为害，较易发现。老熟幼虫多在早晨吐丝缀叶作茧化蛹。6～8月多雨的年份发生较重。

防治方法 此虫在菜地为偶发性害虫，不单独采取防治措施。

甜菜螟

学名 *Hymenia recurvalis* (Fabricius)，鳞翅目螟蛾科。别名甜菜白带野螟、甜菜叶螟。

分布 北起黑龙江、内蒙古，南、东向靠近国境线，黄河中下游发生多。

寄主 甜菜、苋菜、黄瓜、青椒、大豆、玉米、甘薯、甘蔗、茶等。

为害特点 幼虫吐丝卷叶，在其内取食叶肉，留下叶脉。

甜菜螟成虫

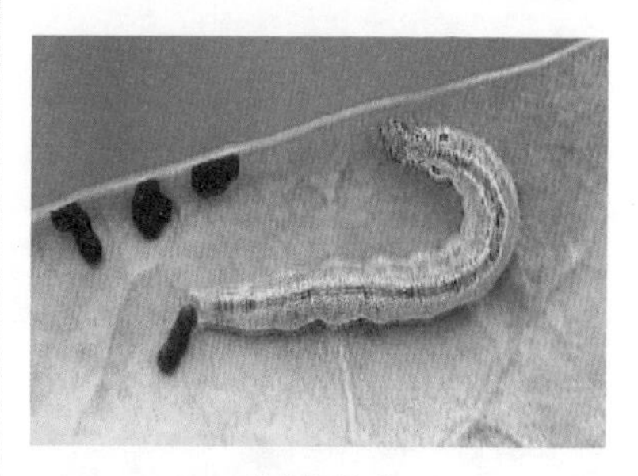

甜菜螟幼虫

生活习性 在山东年发生1～3代，以老熟幼虫吐丝做土茧化蛹，在田间杂草、残叶或表土层中越冬。翌年7月下旬开始羽化，直到9月上旬，历期40余天。各代幼虫发育期，第1代7月下旬至9月中旬，第2代8月下旬至9月下旬，第3代9月下旬至10月上旬，世代重叠。成虫飞翔力弱，卵散产于叶脉处，常2～5粒聚在一起。每雌平均产卵88粒，卵历期3～10天。幼虫孵化后昼夜取食。幼龄幼虫在叶背啃食叶肉，留下上表皮成天窗状，蜕皮时拉一薄网。3龄后将叶片食成网状、缺刻。幼虫共5龄，发育历期11～26天。幼虫老熟后变为桃红色，开始拉网，24h后又变成黄绿色。多在表土层作茧化蛹，也有的在枯枝落叶下或叶柄基部间隙中化蛹。9月底或10月上旬开始越冬。

防治方法　幼虫大量发生时，在2龄幼虫期喷洒240g/L甲氧虫酰肼悬浮剂1500～2000倍液或5%虱螨脲乳油1000倍液、240g/L氰氟虫腙悬浮剂700倍液。

长肩棘缘蝽

学名　*Cletus trigonus*（Thunberg），属半翅目缘蝽科。

分布　长江流域、河南、云南、贵州等地。

寄主　苋菜、刺苋、莲子草、土荆芥、稻、草莓、玉米、大豆等。

为害特点　成虫、若虫刺吸苋菜等汁液或为害草莓浆果。

长肩棘缘蝽成虫

生活习性　长江流域年发生2～3代，以成虫在枯枝落叶或枯草丛中越冬。翌年3～4月间开始产卵，卵多产在叶、穗或茎上。

防治方法　低龄若虫期喷洒240g/L氰氟虫腙悬浮剂600～800倍液或3%甲氨基阿维菌素苯甲酸盐微乳剂2500倍液。

甜菜跳甲

学名　*Chaetocnema concinna*（Marsham），属鞘翅目叶甲科。别名蓼跳甲。

分布　湖北、江西、湖南、浙江、福建、广东、广西、四川、贵州、黑龙江。东北甜菜栽培区的优势种为甜菜凹胫跳甲（*Chaetocnema discreta* Baly）。

寄主　甜菜、藜、荞麦、大黄、酸模。

为害特点　成虫为害甜菜幼苗，被害叶表皮被吃，形成浅色斑点，渐成孔洞，致全株枯萎。

甜菜跳甲成虫

生活习性　甜菜跳甲年发生1

代，以成虫在沟边、田边杂草等覆盖物下越冬。翌春成虫先为害藜科杂草，后迁移到甜菜幼苗上为害。卵数粒为一群，产在土内3.3～6.6cm处，幼虫孵出后，先在土内活动，为害藜科植物根部，化蛹在土内，秋季成虫羽化后取食甜菜，后聚集越冬。甜菜凹胫跳甲年发生1代，以成虫在藜科或蓼科植物上越冬。翌年春天，气温升高，成虫开始活动，东北4月下旬越冬代成虫开始为害藜科植物，待甜菜幼苗出土后大量成虫移入田间为害幼苗，进入甜菜跳甲为害盛期。南方的湖南、湖北、江西、浙江、福建、广东、广西、四川发生早，成虫喜在藜科和蓼科植物上产卵。

防治方法 ①播种前用种子重量2.5%的辛硫磷粉剂拌种，有较好效果。②在成虫盛发时喷撒240g/L氰氟虫腙悬浮剂600～800倍液或5%虱螨脲乳油800～1000倍液。③莙荙菜、根甜菜等地边行应适当增加播种量，适当晚疏苗，以避免缺苗断垄。④甜菜对辛硫磷敏感，使用时需注意防止产生药害。

柳二尾蚜

学名 *Cavariella salicicola* (Matsumura)，属同翅目蚜科。异名 *Cavariella bicaudata* (Essig et Kuwana)。

分布 全国各地。

寄主 第一寄主柳、垂柳等柳属植物，第二寄主芹菜、水芹、黄萝卜等。

为害特点 为害叶片、茎秆，致其变黄发焦或幼叶畸形卷曲或整株矮缩；为害采种株的花、花梗、幼果等，影响籽粒成熟。

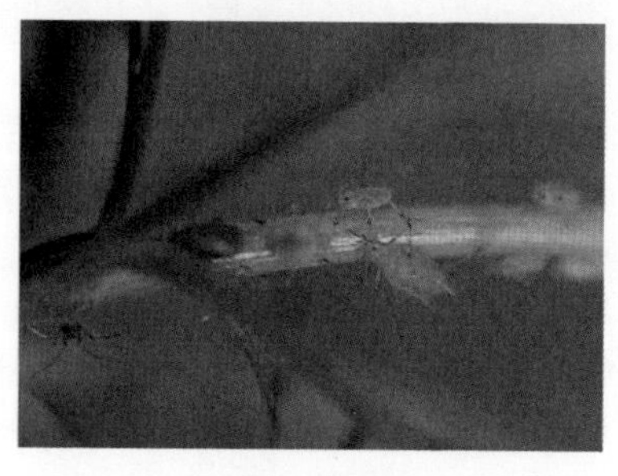

柳二尾蚜

生活习性 陕西关中年发生10～15代，以单个卵或成堆卵在旱柳、垂柳的芽腋或枝条的裂缝处越冬。翌年3月上旬，均温高于5℃时，孵化为干母，变干雌后在柳树上进行几代孤雌胎生，4月上中旬开始产生有翅蚜迁飞到芹菜上，因此芹菜上这时主要是有翅蚜，以后又在芹菜上进行孤雌胎生繁殖，5月上中旬至10月上旬，在芹菜上有两个高峰，为害叶片、叶柄、茎秆或嫩梢。最适温度15～24℃，38℃高温死亡率高达85%，气温降至−7℃未见死亡，11月中旬产生雌雄性蚜，迁飞到柳树上交尾产卵、越冬。

防治方法 参见胡萝卜微管蚜。

胡萝卜微管蚜

学名 *Semiaphis heraclei* (Takahashi)，属同翅目蚜科。异名*Brachycolus heraclei*（Takahashi）、*Brachycolus lonicerae*（Shinji）。

分布 陕西、宁夏、河北、北京、吉林、辽宁、山东、河南、四川、浙江、江苏、江西、福建、台湾、广东、云南等地。

寄主 第一寄主金银花、黄花忍冬、金银木、莺树等。第二寄主芹菜、茴香、香菜、胡萝卜、白芷、当归、香根芹、水芹等多种伞形花科植物。在河北严重为害北沙参及柴胡、防风等药食两用植物。

为害特点 成、若蚜主要为害伞形花科植物的嫩梢，使幼叶卷缩，降低产量和品质。茴香苗被害后卷缩常呈乱发状。胡萝卜苗受害后常成片枯黄。

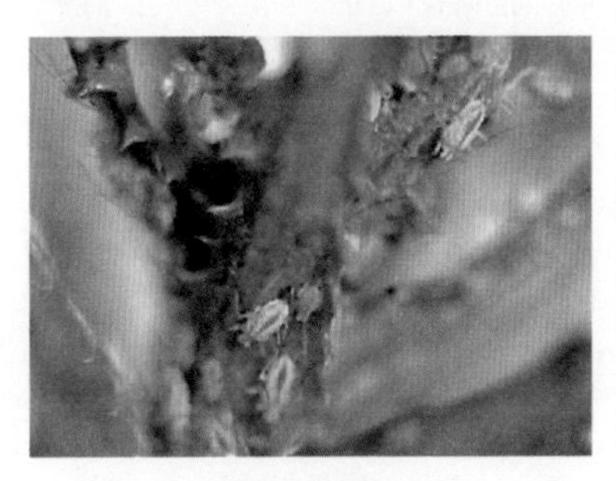

胡萝卜微管蚜

生活习性 广西年发生10～12代，以卵在金银花等忍冬属植物上越冬，3～5月为害尤其严重。5～7月间迁移至伞形科蔬菜或中草药当归、防风、白芷上严重为害，10月间产生有翅雌蚜和雄蚜又迁飞到金银花上，10～11月雌、雄交配产卵越冬。

防治方法 ①有翅蚜迁入之前，用黄板（50cm×40cm）每667m2挂放6块诱蚜，效果好。②保护和利用当地食蚜天敌昆虫，如七星瓢虫、草蛉等。③在若蚜发生高峰喷洒0.36%苦参碱水剂1000倍液或1%印楝素乳油1000倍液、1%苦皮藤素乳油2000倍液。

朱砂叶螨和二斑叶螨

学名 *Tetranychus cinnabarinus*（Boisduval）和*Tetranychus urticae*（Koch），属真螨目叶螨科。别名棉红蜘蛛、菜叶螨、红叶螨。异名*T. telarius*。

分布 全国各地。

寄主 过去把为害蔬菜的红色叶螨误订为棉叶螨，实际上棉叶螨是1个包含朱砂叶螨、二斑叶螨等3个种以上的复合种群，主要为害草莓、豆类、黄瓜、丹参、地黄、甘草、北沙参、白芷、白屈菜、甜玉米等。

朱砂叶螨和二斑叶螨为害空心菜

防治方法 ①农业防治。铲除

田边杂草，清除残株败叶。②此螨天敌有 30 多种，应注意保护发挥天敌自然控制作用。提倡用胡瓜钝绥螨防治朱砂叶螨和二斑叶螨。现在福建省农科院植保所把这种捕食螨装入含有适量食物的包装袋中，每袋 2000 只，只要把袋挂在植株上就可释放出捕食螨，抑制害螨，效果好。③药剂防治。当前对朱砂叶螨和二斑叶螨有特效的是仿生农药 1.8% 阿维菌素乳油 1500 倍液，效果好，持效期长，并且无药害。此外，可选用 240g/L 螺螨酯悬浮剂 3000 倍液或 50% 丁醚脲悬浮剂 1250 倍液、100g/L 虫螨腈悬浮剂 800 倍液、1.5% 甲氨基阿维菌素乳油 2500 倍液、50% 丁醚脲悬浮剂 1400 倍液、25% 吡蚜酮悬浮剂 2000 倍液，防治 2 ～ 3 次。

紫苏野螟

学名 *Pyrausta phoenicealis* (Hübner)，属鳞翅目螟蛾科。

分布 河北、浙江、福建、台湾。

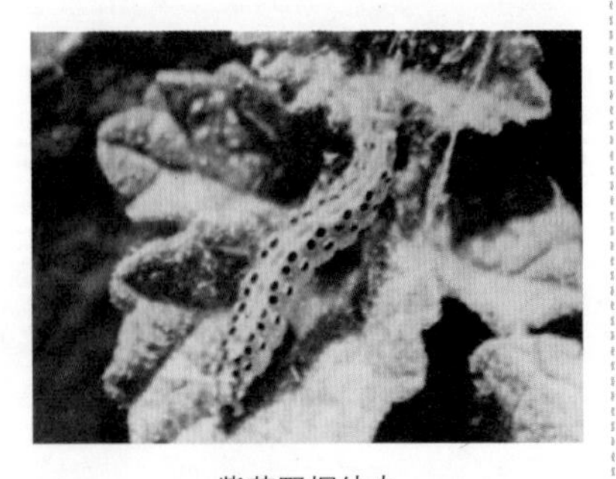

紫苏野螟幼虫

寄主 紫苏、荏、糙苏、丹参、薄荷、泽兰等。

为害特点 幼虫卷叶剥食寄主叶片、咬断嫩枝、叶柄等，受害率高达 50%。

生活习性 年发生 3 代，以 4 龄幼虫在残叶或土缝内结茧越冬。翌年春 4 ～ 5 月化蛹。越冬代成虫于 5 月中下旬始见，交配产卵、孵化幼虫，7 ～ 8 月为害重。8 ～ 9 月部分第 2 代末龄幼虫及第 3 代幼虫陆续滞育越冬。夏天卵经 3 天孵化，幼虫期 10 ～ 15 天，蛹期 6 ～ 9 天。成虫产卵前期 3 天，产卵期 10 天左右，每雌产卵 180 粒，把卵产在叶背面，幼虫喜吐丝把叶卷成筒状，虫体藏在筒中剥食叶片。进入末龄后常出筒活动，把嫩枝咬断，老熟后在叶内或土缝中结薄茧化蛹。天敌雷赖氏奴模菌寄生在幼虫上。

防治方法 ①秋季收获后及时清除病残体，消灭越冬幼虫。②幼虫发生期喷洒 150g/L 茚虫威悬浮剂 3000 倍液或 10% 虫螨腈悬浮剂 1000 倍液。

银纹夜蛾

学名 *Argyrogramma agnata* (Staudinger)，属鳞翅目夜蛾科。异名 *Plusia agnata*、*Phytometra agnata*。别名黑点银纹夜蛾、豆银纹夜蛾、菜步曲、大豆造桥虫。

分布 全国。

银纹夜蛾成虫栖息在花朵上

银纹夜蛾幼虫

寄主 结球莴苣、花椰菜、白菜、萝卜、紫甘蓝等十字花科蔬菜及豆类作物、茄子、胡萝卜等。

为害特点 幼虫食叶，将菜叶吃成孔洞或缺刻，并排泄粪便污染菜株。

生活习性 河北、山东、陕西年发生2～3代，能以各种虫态越冬。卵散产或块产于叶背，7～9月为害十字花科及绿叶蔬菜。

防治方法 可选用10%虫螨腈悬浮剂1000倍液或5%氟啶脲乳油600倍液，于低龄期喷洒，隔20天1次，防治1次或2次。

银锭夜蛾

学名 *Macdunnoughia crassisigna*（Warren），属鳞翅目夜蛾科。别名莲纹夜蛾。异名 *Phytometra crassisigna*（Warren）、*Plusia crassisigna*（Warren）。

分布 全国各地。

寄主 胡萝卜、牛蒡、亚麻、秋菊等。

银锭夜蛾成虫

银锭夜蛾幼虫

为害特点 幼虫食叶，影响作物生长。

生活习性 分布于我国东部，年发生2代，幼虫7月至9月出现。老熟幼虫在叶间吐丝缀叶结成浅黄褐色薄茧化蛹，蛹褐色。

防治方法 参见银纹夜蛾。

瘦银锭夜蛾

学名 *Macdunnoughia confusa*（Stephens），属鳞翅目夜蛾科，是银锭夜蛾的近似种。

分布 辽宁、吉林、内蒙古等地。

瘦银锭夜蛾成虫

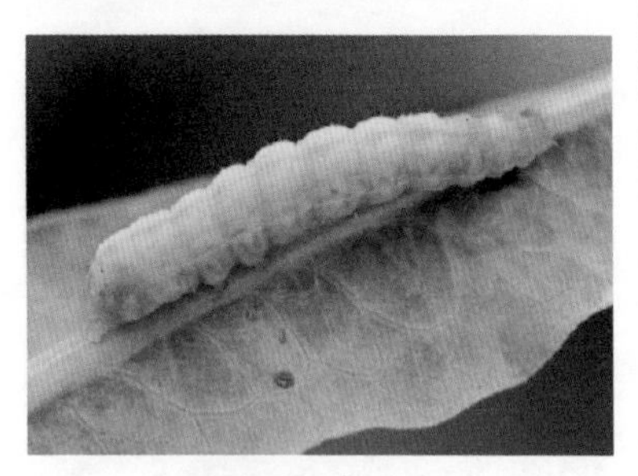

瘦银锭夜蛾幼虫

寄主 菊花、牛蒡、胡萝卜、大豆、菜用大豆等。

为害特点 幼虫咬食寄主叶片，成缺刻或孔洞。

形态特征 成虫体长11～13mm，翅展31～34mm，头部、胸部灰色带褐，腹部灰褐色，前翅灰褐色，内、外横线间在中室后方红棕色，前翅斑纹与银锭夜蛾相似，凹槽形银斑稍瘦一些。幼虫体青色。

生活习性 6月下旬为害绿叶蔬菜、菜用大豆、牛蒡等。7月中旬化蛹，8月上旬羽化为成虫。

防治方法 同银纹夜蛾。

红棕灰夜蛾

学名 *Polia illoba*（Butler），属鳞翅目夜蛾科。别名苜蓿紫夜蛾。

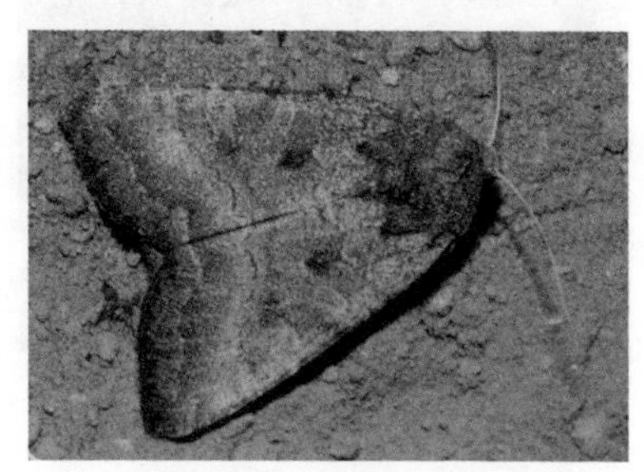

红棕灰夜蛾成虫

红棕灰夜蛾幼虫褐色型

分布 黑龙江、内蒙古、河北、甘肃、江苏、江西等地。

寄主 茄子、莙荙菜、胡萝卜、甜菜、草莓、枸杞、菊、茼蒿、菜豆、草食蚕、豌豆、苜蓿、大豆、豇豆、桑、黑莓等。

为害特点 幼虫食叶成缺刻或孔洞，严重时可把叶片食光。也可为害嫩头、花蕾和浆果。

生活习性 吉林、银川年发生2代，以蛹越冬，翌年吉林第1代成虫于5月上旬出现，6月上旬出现第1代幼虫，8月上旬第2代成虫始见，交配产卵常把卵产在叶面或枝上，每雌产卵150～200粒；银川第1代成虫5月中下旬出现，第2代成虫于7月下旬至8月上旬出现，1龄、2龄幼虫群聚在叶背食害叶肉，有的钻入花蕾中取食，3龄后开始分散，4龄时出现假死性，白天多栖息在叶背或心叶上，5龄、6龄进入暴食期，每24h即可吃光1～2片叶子，末龄幼虫食毁草莓的嫩头、蕾花、幼果等，影响草莓翌年产量。幼虫进入末龄后于土内3～6cm处化蛹。成虫有趋光性。幼虫白天隐居叶背，主要在夜间取食，受惊扰有蜷缩落地习性。天敌有齿唇茧蜂、蜘蛛、蓝蝽等。

防治方法 ①成片安置黑光灯，进行测报和防治。②人工捕杀幼虫。③幼虫3龄前喷洒5%氟铃脲乳油600倍液、1.8%阿维菌素乳油1500～2000倍液、20%氰戊菊酯乳油1000～1500倍液、22%氰氟虫腙悬浮剂600～800倍液。

蒙古灰象甲

学名 *Xylinophorus mongolicus* (Faust)，属鞘翅目象鼻虫科。别名象鼻虫、放牛小、灰老道、蒙古土象。

分布 东北、华北、江苏、内蒙古等地。

蒙古灰象甲为害绿叶蔬菜生长点

寄主 莙荙菜、甜菜、瓜类、玉米、花生、大豆、向日葵、高粱、烟草、果树幼苗等。

为害特点 成虫取食刚出土幼苗子叶、嫩芽、心叶，严重的可把叶片吃光，咬断茎顶造成缺苗断垄或把叶片食成半圆形或圆形缺刻。

生活习性 内蒙古、东北、华北2年1代，黄海地区1～1.5年1代，以成虫或幼虫越冬。翌春均温近10℃时，开始出土活动，经一段时间取食，把卵产在表土层中。产卵期40多天，产卵量80～900粒，卵期11～19天。成虫活动时间长，常群集为害，造成缺苗断垄。

防治方法 ①在受害重的田块四周挖封锁沟，沟宽、深各40cm，内放新鲜或腐败的杂草诱集成虫集中杀死。②在成虫出土为害期喷洒或浇灌24%氰氟虫腙悬浮剂900倍液或

10% 虫螨腈悬浮剂 1000 倍液、150g/L 茚虫威悬浮剂 3000 倍液。

大灰象甲

学名 *Sympiezomias velatus*（Chevrolat），鞘翅目象甲科。别名大灰象、日本灰象。异名 *Sympiezomias lewisi*（Roelofs）。

分布 东北、黄河流域、长江流域。

寄主 各类蔬菜幼苗、棉花、粮食、豆类、麻类、糖料、北沙参、黄芪、白芷、太子参、桔梗、薏苡、烟草等。

大灰象甲成虫

为害特点 成虫取食菜苗嫩尖、叶片，甚至拱入表土咬断子叶和生长点，使全株死亡，造成缺苗断垄。

生活习性 分布于我国北方。2 年 1 代，第 1 年以幼虫越冬，第 2 年以成虫越冬。成虫不能飞，4 月中下旬从土内钻出，群集于幼苗取食。5 月下旬开始产卵，成块产于叶片，6 月下旬陆续孵化。幼虫期生活于土内，取食腐殖质和须根，对幼苗危害不大。随温度下降，幼虫下移，9 月下旬达 60 ～ 100cm 土深处，做成土室越冬。翌春越冬幼虫上升表土层继续取食，6 月下旬开始化蛹，7 月中旬羽化为成虫，在原地越冬。

防治方法 ①于成虫出土盛期，撒施 5% 辛硫磷颗粒剂，每 $667m^2$ 用 2 ～ 2.5kg，结合浇水对防治幼虫也有效。②发生量大的，可在成虫出土期喷洒或浇灌 40% 辛硫磷乳油 900 倍液。

菠菜潜叶蝇

学名 *Pegomya exilis*（Meigen），双翅目花蝇科。别名藜泉蝇。异名 *Pegomya hyoscyami*（Panzer）。

分布 北起黑龙江、内蒙古、新疆，南止于长江附近。

寄主 菠菜、萝卜、甜菜。

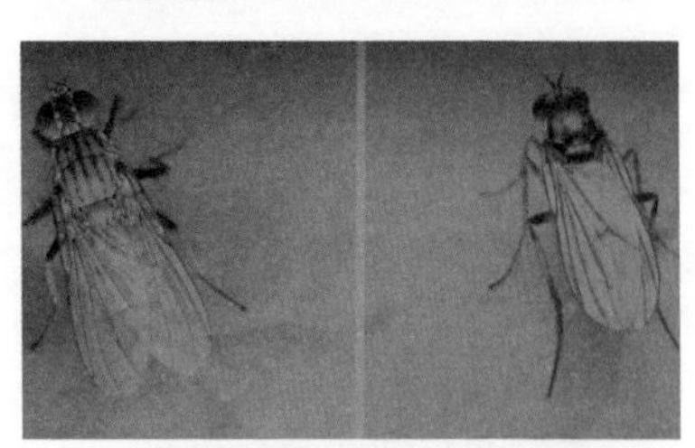

菠菜潜叶蝇成虫（李惠明摄）

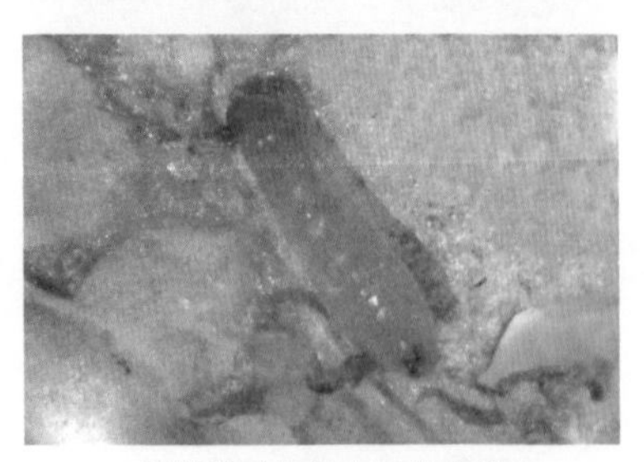

菠菜潜叶蝇幼虫及为害状

为害特点 幼虫潜在叶内取食叶肉，仅留上下表皮，呈块状隧道。一般在隧道端部内有1～2头蛆及虫粪，使菠菜失去商品价值及食用价值，严重时全田被毁。

生活习性 分布于我国北方地区。在华北年发生3～4代，以蛹在土中越冬。第1代发生在根茬菠菜上，5月上旬开始发生第2代，6月发生第3代。但在沈阳越冬代成虫于5月中旬才开始产卵，第1代幼虫严重为害期发生于5月下旬至6月上旬。成虫羽化集中在清晨气温低而湿度大的时刻，产卵前期约4天，卵产在寄主叶背，4～5粒呈扇形排列在一起，每雌可产卵40～100粒。卵期2～6天，多于傍晚孵化，随即潜入叶肉。幼虫共3龄，整个幼虫历期约10天，较寒冷地区可达20天。幼虫老熟后一部分在叶内化蛹，一部分从叶中脱出入土化蛹，蛹期2～3周。越冬代则全部入土化蛹，蛹期达半年以上。菠菜潜叶蝇在找不到适宜寄主时，可在粪肥或腐殖质上完成发育。以春季第1代发生量最大，因为菠菜潜叶蝇各个世代都有部分蛹进入滞育状态，而到春天同时羽化，所以虫口达到高峰。夏季的高温干旱不利于第2、第3代的发生，特别是第3代及其以后，如遇高温干旱，将大大降低越冬虫口，减少翌春第1代的为害。

防治方法 ①提倡施用酵素菌沤制的堆肥或有机活性肥或百事达生物肥，避免使用未腐熟粪肥，特别是厩肥，以免把虫源带入田中。②药剂防治。由于菠菜生长期短，必须考虑农药残留问题。要选择残效短，易于光解、水解的药剂。此外，由于幼虫是潜叶为害，所以用药必须抓住产卵盛期至孵化初期的关键时刻。首选50%灭蝇胺可湿性粉剂2000倍液、5%氟虫脲乳油2000～2500倍液、5%氟啶脲乳油2000倍液、0.5%印楝素乳油800倍液、90%敌百虫晶体1000倍液、50%辛硫磷乳油1000倍液、10%吡虫啉可湿性粉剂1500倍液、20%氰戊菊酯乳油2500倍液、1.8%阿维菌素2500倍液、50%敌敌畏乳油1000倍液，10～15天1次，连续防治2次。

莴苣指管蚜

学名 *Dactynotus formosanus* (Takahashi)，属同翅目蚜科。异名 *Uroleucon formosanum*。

分布 北京、吉林、天津、河北、山东、江苏、江西、四川、台湾、福建、广东、广西等地。

寄主 莴苣、苦菜、泥胡菜、苦荬菜。

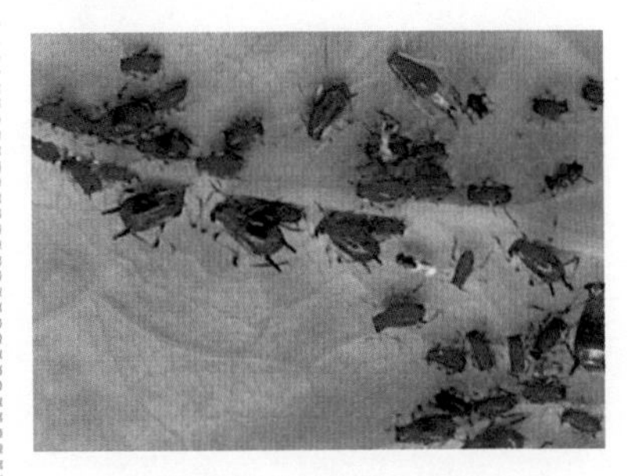

莴苣指管蚜为害莴苣（夏声广）

为害特点 成、若蚜群集嫩梢、花序及叶背面吸食汁液。

生活习性 年发生10～20代，以卵越冬。早春干母孵化，在20～25℃条件下，4～6天可完成1代，每头孤雌蚜平均可胎生若蚜60～80头。最适大量繁殖的温度为22～26℃，相对湿度为60%～80%。北方6～7月大量发生为害。10月下旬发生有翅雄蚜和无翅雌蚜。喜群集嫩梢、花序及叶背面，遇震动，易落地。

防治方法 掌握在初发阶段喷洒70%吡虫啉水分散粒剂8000倍液或25%噻虫嗪水分散粒剂1800倍液。喷洒时应注意使喷嘴对准叶背，将药液尽可能喷射到蚜体上。保护地可选用杀蚜烟剂，每667m^{2}用400～500g，分散放4～5堆，用暗火点燃，冒烟后密闭3h，杀蚜效果在90%以上。

棉大卷叶螟

学名 *Sylepta derogata*（Fabricius），属鳞翅目螟蛾科。别名棉卷叶螟、棉大卷叶虫、包叶虫、棉野螟蛾、棉卷叶野螟。

分布 除宁夏、青海、新疆未见报道外，其余省区均有分布。

寄主 苋菜、蜀葵、黄蜀葵、棉花、苘麻、芙蓉、木棉等。

为害特点 幼虫卷叶成圆筒状，藏身其中食叶成缺刻或孔洞。

生活习性 辽宁年发生3代，黄河流域4代，长江流域4～5代，华南5～6代，以末龄幼虫在落叶、树皮缝、树桩孔洞、田间杂草根际处越冬。生长茂密的地块、多雨年份发生多，成虫有趋光性。幼虫天敌有卷叶虫绒茧蜂、小造桥虫绒茧蜂、日本黄茧蜂、广大腿小蜂等。

棉大卷叶螟成虫

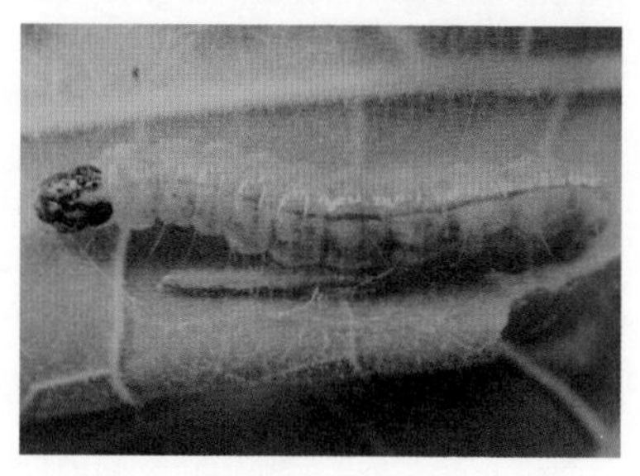

棉大卷叶螟幼虫

防治方法 ①幼虫卷叶结包时捏包灭虫。②产卵盛期至卵孵化盛期喷洒150g/L 茚虫威悬浮剂3000倍液或10%虫螨腈悬浮剂1000倍液、5%氯虫苯甲酰胺悬浮剂1000倍液。

异型眼蕈蚊

学名 *Pnyxia scabiei*（Hopk.），属双翅目眼蕈蚊科。

分布 北京、河北等地。国外广布北美洲和欧洲。

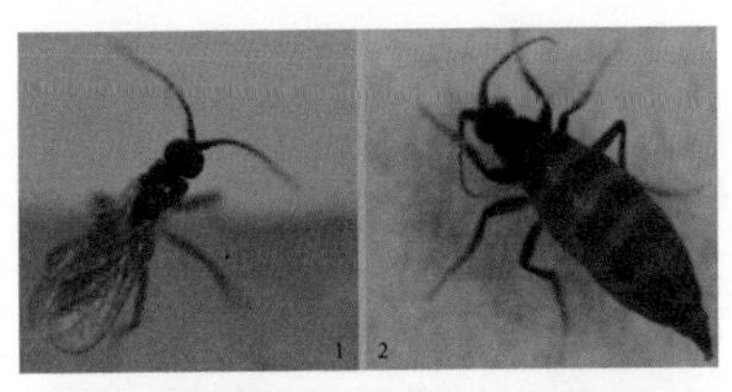

异型眼蕈蚊雄成虫（左）和雌成虫

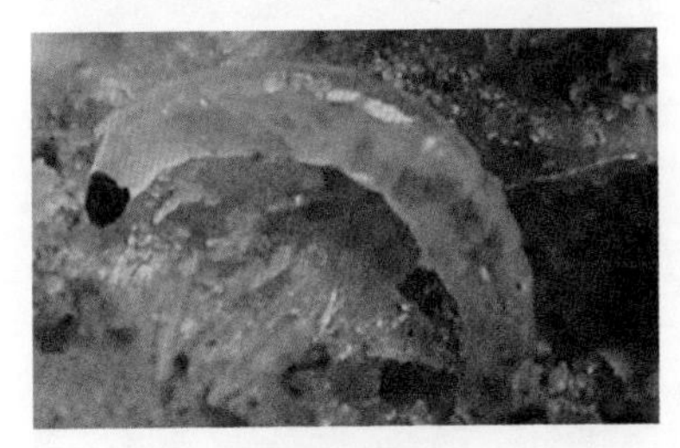

异型眼蕈蚊幼虫

寄主 结球莴苣、黄瓜、番茄、茴香、马铃薯、芍药、食用菌等。

为害特点 幼虫为害结球莴苣、黄瓜等幼苗的根茎部或芍药等块茎，致植株萎蔫或枯死。

形态特征 雄虫体长1.4～1.8mm，褐色，背板和腹板稍深。头深褐色，复眼黑色裸露，无眼桥；单眼3个排列成等边三角形；触角16节，长0.9～1.1mm，柄节、梗节较粗，鞭节逐渐变细，节间均有颈，第四鞭节长是宽的2.3倍，节与颈的长度比为5∶1；下颚须1节，有毛4根。翅淡褐色，长0.9～1.1mm，宽0.35～0.45mm，翅端宽而圆，在眼蕈蚊科内脉序特殊，R1甚短与RS到M1+2间约占2/3。足褐色，前足基节长约0.3mm，腿节长约0.35mm，胫节长0.4mm，跗节长约0.5mm，胫端有距，前足距1根，中后足各2根，爪无齿。腹部末端的尾器宽大，端节短粗，顶端钝圆有毛。雌虫体长1.6～2.3mm，褐色，无翅；触角16节，长0.7～0.8mm，胸部短小，背面扁平。腹部长而粗大，腹端渐细长，阴道又很长，尾须2节，端节椭圆形；其余特征同雄虫。

防治方法 ①选用充分腐熟的有机肥，施肥要求均匀，适期早播，有条件的播前应浸种，促进早出苗，以减少幼虫为害。②防治该蛆可用40%二嗪农粉剂拌种，用量为种子重量的0.4%，也可在播种前，每667m^{2}用40%二嗪农粉剂50g充分混入底肥中。③在成虫发生初期喷撒2.5%辛硫磷粉剂2～2.5kg，隔10天左右1次，连续防治2～3次。④发现幼虫为害根茎部时，可喷淋75%灭蝇可湿性粉剂2500倍液或40%辛硫磷乳油1000倍液，每株灌对好的药液100ml。使用辛硫磷的采收前6天停止用药。

蔬菜跳虫

学名 *Hypogastura armata*（Nicolect），属弹尾目紫跳科。俗称跳仔、火灰虫、黑跳仔、黑狗子等。

分布 广东、台湾等地。

寄主 白菜、菜心、蕹菜、菠菜、苋菜、生菜、豇豆、节瓜、苦瓜、甜玉米及作物幼苗。此外可为害栽培的平菇、草菇、香菇等。

为害特点 成、若虫食害菜苗心叶的叶肉，仅留一层表皮或食成缺

蔬菜跳虫

刻和孔洞。

形态特征 体短粗，灰紫色至深紫色。

生活习性 土栖性，性喜湿润土壤。雌虫把 10 ～ 30 粒卵产在土缝中，孵化若虫漂浮于水面或借此爬到植株上为害，密度大或虫口多时，菜田水面覆上一层紫红色虫体随水漂浮。据观察，气温 10 ～ 25℃的多雨季节发生量大，为害严重，在深圳、台湾一带冬春雨季为害重，6 月下旬后很少受害。喜在清晨和傍晚出来活动或为害蔬菜，太阳出来后迅速潜入土中，少数躲在心叶里继续为害，阴雨天受害重。

防治方法 ①菜地翻耕后每 $667m^2$ 撒施石灰 25 ～ 30kg，并晒土 5 ～ 7 天，可抑制该虫活动和繁殖。②阴雨天跳虫在水面上漂浮时，可在畦沟中洒一层柴油，保持 1 天，然后把畦沟中水排净，能消灭水面上的跳虫。③喷洒 10% 氯氰菊酯微乳剂 1100 倍液或 98% 杀螟丹可溶性粉剂 1100 倍液，药后 24h，漂浮在水面上的跳虫死亡，防效 90% 以上。④晴天中午温度高时喷洒 80% 敌敌畏 800 倍液，关棚熏蒸 3h 有效。

茴香薄翅野螟

学名 *Evergestis extimalis* (Scopoli)，属鳞翅目螟蛾科。别名茴香螟、油菜螟。

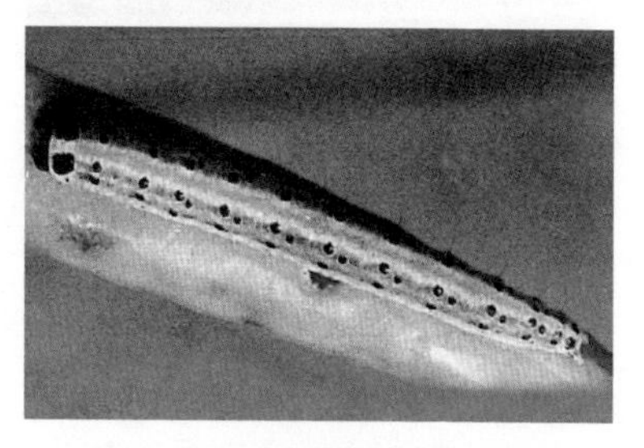

茴香薄翅野螟幼虫

分布 河北、山东、江苏、陕西、四川、宁夏、内蒙古、黑龙江、云南、青海、山西、广东等地。

寄主 茴香、甜菜、白菜、油菜、荠菜、萝卜、甘蓝、芥菜。

为害特点 幼虫吐丝卷叶，取食心叶和种芽或食害采种株种荚，受害荚上出现孔洞。

生活习性 青海年发生 1 代，黑龙江密山年发生 2 代。以老熟幼虫在 2 ～ 3cm 土层中结茧越冬。翌年 5 月中旬越冬幼虫另结一土茧进入预蛹期，5 月下旬开始化蛹。6 月上旬成虫羽化产卵，日均温 18 ～ 20℃卵期 5 ～ 8 天，20 ～ 22 ℃幼虫期 14 ～ 24 天，7 月中旬开始化蛹，预蛹期 7 ～ 14 天，蛹期 15 ～ 19 天，7 月下旬至 8 月上旬第 1 代成虫羽化产卵，8 月第 2 代幼虫盛发，9 月上旬幼虫进入末龄，9 月中下旬入土越冬。成虫有趋光性，白天喜栖息在草丛或植株中，稍有惊扰即起飞，飞翔能力不强。多在夜间羽化，当天即可交配产卵，产卵期 5 ～ 14 天，交配后 3 ～ 7 天进入产卵高峰期，每雌虫产卵 20 ～ 300 粒排成鱼鳞状，卵多产在十字花科幼嫩角果或果柄上，成虫寿命 4 ～ 16 天。天敌有白僵菌、中华广肩步甲等。

防治方法　7 月中旬在幼龄幼虫期喷洒 6% 乙基多杀菌素悬浮剂 1500 ～ 2000 倍液或 200g/L 氯虫苯甲酰胺悬浮剂 2000 倍液、1% 甲氨基阿维菌素苯甲酸盐微乳剂 2000 倍液。

南美斑潜蝇

学名　*Liriomyza huidobrensis* (Blanchard)，双翅目潜蝇科。别名拉美斑潜蝇。

分布　北京、山东、河北、四川、青海、云南、贵州、广东等地。

寄主　莴苣、油菜、芹菜、菠菜、生菜、菊花等茄科、豆科、禾本科、十字花科、葫芦科、菊科等 19 科 84 种植物。

南美斑潜蝇成虫（石宝才摄）

为害特点　成虫用产卵器把卵产在寄主叶片中，孵化后的幼虫在叶片上、下表皮之间潜食叶肉，嗜食中肋、叶脉，食叶成透明空斑，造成幼苗枯死。该虫常沿叶脉形成潜道，别于美洲斑潜蝇为害形成的潜道。南美斑潜蝇是继美洲斑潜蝇、番茄斑潜蝇之后于 1994 年随我国引进花卉进入云南等地，是危险性、破坏性极大的检疫对象。

形态特征、生活习性、防治方法　参见菠菜潜叶蝇。

菜缢管蚜

学名　*Lipaphis pseudobrassicae* (Davis)，属同翅目蚜科。别名菜蚜、萝卜蚜。

菜缢管蚜（萝卜蚜）

分布　全国各地。

寄主　白菜、油菜、萝卜、芥菜、青菜、菜薹、甘蓝、花椰菜、芜菁。偏嗜白菜及芥菜型油菜。

为害特点　在蔬菜叶背或留种株的嫩梢、嫩叶上为害，造成节间变短、弯曲，幼叶向下畸形卷缩，使植株矮小，影响包心或结球，造成减产；留种菜受害不能正常抽薹、开花和结籽。同时传播病毒病，造成的危害远远大于蚜害本身。

形态特征、**生活习性**、**防治方法** 参见胡萝卜微管蚜。

红斑郭公虫

学名 *Trichodes sinae* (Chevrolat)，属鞘翅目郭公虫科。别名黑斑棋纹甲、中华郭公虫、青带郭公虫、黑斑红毛郭公虫。

分布 宁夏、内蒙古、河南、江西、湖北、青海、山东、山西、河北。

寄主 胡萝卜、萝卜、苦豆、蚕豆、枸杞、甜菜、葱、十字花科蔬菜及莳萝、球茎茴香、牛蒡等。

红斑郭公虫

为害特点 成虫吃花粉。

生活习性 该虫幼虫常栖息在蜂类巢内，食其幼虫。在内蒙古、宁夏，5～7月成虫发生最多，喜欢在胡萝卜、苦豆、蚕豆顶端花上食害花粉，是害虫，别于有益的郭公虫，该虫有趋光性。

防治方法 ①5～7月成虫发生盛期用黑光灯诱杀。②冬耕可消灭部分越冬蛹，成虫发生期可施用广谱性杀虫剂，按常规浓度有效。③发生数量大，对授粉影响大时，可喷洒40%辛硫磷乳油1000倍液或40%乙酰甲胺磷乳油600倍液，每667m^{2}用对好的药液75L。也可喷洒15%蓖麻油酸烟碱乳油每667m^{2}用75ml，对水喷雾。

茴香凤蝶

学名 *Papilio machaon* (Linnaeus)，鳞翅目凤蝶科。别名黄凤蝶、金凤蝶。

分布 全国各地。

寄主 茴香、球茎茴香、防风、白芷、北沙参、胡萝卜、芹菜等伞形科蔬菜。

茴香凤蝶成虫

茴香凤蝶幼虫

为害特点 幼虫食叶，食量很大，影响作物生长。

生活习性 全国各地均有发生，年发生2代，以蛹在灌丛树枝上越冬。翌春4～5月间羽化，第1代幼虫发生于5～6月，成虫于6～7月间羽化。第2代幼虫发生于7～8月间。卵散产于叶面。幼虫夜间活动取食，受触动时从前胸伸出臭角（丫腺），渗出臭液。

防治方法 菜田零星发生时，可不单独采取防治措施。数量较多时，在幼龄幼虫期喷洒90%敌百虫可溶性粉剂900倍液或25g/L多杀霉素悬浮剂3000倍液。

赤条蝽

学名 *Graphosoma rubrolineata*（Westwood），半翅目蝽科。

分布 除西藏尚未发现外，其余各地均有发生。

寄主 西芹、胡萝卜、白菜、白萝卜、球茎茴香、茴香、洋葱、葱等蔬菜作物。此外还为害防风、柴胡、白芷、北沙参等药食两用植物。

赤条蝽成虫

为害特点 成虫和若虫在花蕾和叶片上吸食汁液，严重时造成果实干缩、畸形，种子减产。

生活习性 在内蒙古、河北、山西、江苏、江西等地年发生1代，以成虫在枯枝落叶、杂草丛中或土块下越冬。在江西每年4月中下旬开始活动（华北约晚半个月），5月上旬至7月下旬产卵，若虫于5月中旬至8月上旬孵出，6月下旬开始羽化为成虫，8月下旬至10月中旬陆续进入越冬。卵期9～13天，若虫期40天左右。卵多产于寄主叶片和嫩荚上，排成2行，每块约10枚。若虫从2龄开始分散为害。

防治方法 ①农业防治。秋冬季对赤条蝽发生多的地块进行耕翻，可消灭部分越冬虫态。零星种植胡萝卜、茴香、西芹等地块，可人工捕捉成虫、摘卵。②在搞好测报的前提下，掌握住当地卵孵化盛期，喷洒20%啶虫脒乳油1500倍液或5%氯虫苯甲酰胺悬浮剂1000～1500倍液、40%乙酰甲胺磷乳油550倍液。

白星花金龟

学名 *Protaetia brevitarsis*（Lewis），鞘翅目花金龟科。别名白纹铜花金龟、白星花潜、白星金龟子、铜克螂。

分布 全国各地。

为害特点 成虫取食番茄、樱桃番茄、香芹、根芹、芹菜、西芹、

白星花金龟成虫

紫菜薹等多种蔬菜及玉米的花器。此外还为害月季、土木香、女贞、鸡冠花等药食两用植物。该虫为害有日趋严重之势。

生活习性 年发生1代。成虫于5月上旬开始出现，6～7月为发生盛期。成虫白天活动，有假死性，对酒、醋味有趋性，飞翔力强，常群集为害留种蔬菜的花和玉米花丝，产卵于土中。幼虫（蛴螬）多以腐殖物为食，以背着地行进。

防治方法 ①在架杆上吊1小塑料瓶，瓶中装1白星花金龟成虫，用来诱集同伙入瓶，集中杀灭。②也可在成虫盛发期利用其假死性，振落后人工捕杀。必要时喷洒50%辛硫磷乳油1000倍液或240g/L氰氟虫腙悬浮剂700倍液。

花蓟马

学名 *Frankliniella intonsa* (Trybom)，缨翅目蓟马科。别名台湾蓟马。

分布 北起黑龙江、内蒙古、新疆，南至台湾、海南、广东、广西、云南，东起俄罗斯东境，西达新疆，并由陕西折入四川、云南、西藏。

花蓟马成虫

寄主 瓜类、茄果类、豆类及十字花科蔬菜和稻、棉、甘蔗等。

为害特点 成虫和若虫为害蔬菜作物花器，减少结实量。有时也为害幼苗嫩叶并传播病毒病，是生产上重要传毒介体。

生活习性 在我国南方年发生11～14代，以成虫越冬。成虫有趋花性，卵大部分产于花内植物组织中，如花瓣、花丝、花膜、花柄，一般产在花瓣上。每雌虫产卵约180粒，产卵历期长达20～50天。

防治方法 ①蓟马是六小害虫，把卵产在植株组织里，对杀虫剂易产生抗性，防治较困难。生产上应从铲除田间杂草，消灭越冬寄主上的虫源入手，避免蓟马向蔬菜的花上转移。②使用防虫网或遮阳网可减少受害。③气候干旱时，采用浇跑马水的方法灌溉。④抓住花期药剂防治。首选鱼藤精800倍液、99.1%矿物油乳油300倍液、15%唑虫酰胺乳油

1200 倍液或 25% 吡 · 辛乳油 1500 倍液或 20% 啶虫脒水分散粒剂 3000 倍液、25g/L 多杀霉素悬浮剂 900 倍液。⑤注意保护和利用天敌，如小花蝽、中华微刺盲蝽等。

莴苣冬夜蛾

学名 *Cucullia fraterna* (Butler)，鳞翅目夜蛾科。

分布 黑龙江、内蒙古、新疆、江西、辽宁、吉林、浙江等地。

寄主 莴苣。

莴苣冬夜蛾成虫

为害特点 幼虫为害莴苣嫩叶及花。

生活习性 吉林、辽宁年发生 2 代，以蛹越冬，幼虫于 6 月下旬至 9 月上旬为害莴苣。

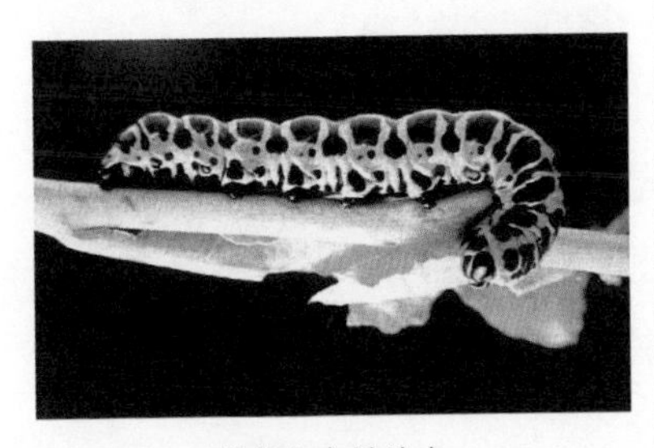

莴苣冬夜蛾幼虫

防治方法 防治银纹夜蛾时，进行兼治。

甜菜潜叶蝇

学名 *Pegomyia hyosciami* (Panzer)，属双翅目花蝇科。别名甜叶潜蝇。

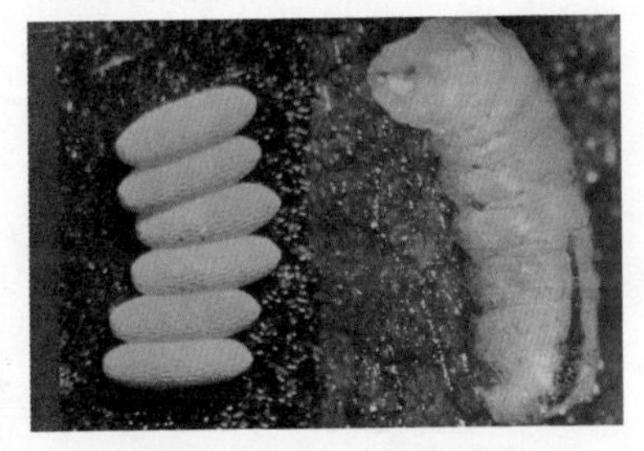

甜菜潜叶蝇卵（左）和幼虫

甜菜潜叶蝇成虫（Dr.waloer 原图）

分布 东北、内蒙古及黄河中下游甜菜栽培区。

寄主 叶用甜菜（莙荙菜）、甜菜、菠菜。

为害特点 以幼虫在寄主叶片上下表皮之间，潜食叶肉。残留表皮，呈白色泡状，影响甜菜光合作用。

生活习性 黑龙江、辽宁、内蒙古年发生2～3代，以蛹在土中越冬。翌年5月中下旬羽化为成虫，把卵产在叶用甜菜、菠菜或杂草叶背面，3～5粒一排，6月上旬进入产卵盛期，卵期3～4天或因气温低延续至18～21天，每雌蝇产卵40～100粒。初孵幼虫钻入叶肉取食为害，6月上中旬进入幼虫为害盛期。1代为害重，2～3代为害轻。幼虫期11～21天，蜕皮2次于叶背或根周围的土中化蛹。完成一个世代，历时34～46天。

防治方法 ①成蝇发生盛期，及时喷洒2.5%敌百虫粉，每667m^{2}用1.5～2kg或90%敌百虫可溶性粉剂800倍液。②幼虫孵化初期，喷洒50%灭蝇胺可湿性粉剂1500～2000倍液、15%唑虫酰胺乳油1200倍液、1.8%阿维菌素乳油15000倍液、10%烟碱乳油1000倍液。防治该虫应选8～10时露水干后，幼虫开始到叶面活动，老熟幼虫多从虫道中钻出，是施药的有利时机。

鬼脸天蛾

学名 *Acherontia lachesis*（Fabricius），属鳞翅目天蛾科。别名胡麻天蛾。

分布 广东、广西、云南、河南等地。

寄主 茄科、豆科、马鞭草科、唇形科植物为食。

为害特点 幼虫食叶成缺刻或孔洞。

鬼脸天蛾幼虫

形态特征 成虫翅展100～125mm。胸部背面具鬼脸形斑纹，眼点斑以上生灰白色大斑，腹部黄色，各环节间具黑横带，背线蓝色较宽，前翅黑色、青色、黄色相间，内横线、外横线各由数条深浅不一的波状线条组成，中室上具1串灰白色点。末龄幼虫体长95～110mm，头黄绿色，外侧具黑纵条，体黄绿色，前胸小，中、后胸大，每节有1～2个深绿色横皱纹，腹部1～7节体侧各具1条从气门线至背部的深绿色斜线，斜线后缘深黄色，各腹节具较密的绿色皱纹，尾角长15mm，黄色上弯，胸足赭黑色，腹足绿色。

生活习性 年发生1代，以蛹越冬。成虫7、8月间出现。

防治方法 幼虫盛发时喷洒25%灭幼脲600倍液或90%敌百虫可溶性粉剂700倍液、2.5%高效氯氟氰菊酯乳油1300倍液。

附录 农药的稀释计算

1. 药剂浓度表示法

目前，我国在生产上常用的药剂浓度表示法有倍数法、百分比浓度（%）和百万分浓度法。

倍数法是指药液（药粉）中稀释剂（水或填料）的用量为原药剂用量的多少倍，或者是药剂稀释多少倍的表示法。生产上往往忽略农药和水的密度差异，即把农药的密度看作1。通常有内比法和外比法两种配法。用于稀释100（含100倍）以下时用内比法，即稀释时要扣除原药剂所占的1份。如稀释10倍液，即用原药剂1份加水9份。用于稀释100倍以上时用外比法，计算稀释量时不扣除原药剂所占的1份。如稀释1000倍液，即可用原药剂1份加水1000份。

百分比浓度（%）是指100份药剂中含有多少份药剂的有效成分。百分比浓度又分为重量百分比浓度和容量百分比浓度。固体与固体之间或固体与液体之间，常用重量百分比浓度；液体与液体之间常用容量百分比浓度。

2. 农药的稀释计算

（1）按有效成分的计算法

原药剂浓度 × 原药剂重量＝稀释药剂浓度 × 稀释药剂重量

① 求稀释剂重量

计算100倍以下时：

稀释剂重量＝原药剂重量 ×（原药剂浓度－稀释药剂浓度）/ 稀释药剂浓度

例：用40%嘧霉胺可湿性粉剂10kg，配成2%稀释液，需加水多少？

10kg×（40%–2%）/2% = 190kg

计算100倍以上时：

稀释剂重量＝原药剂重量 × 原药剂浓度 / 稀释药剂浓度

例：用100ml 80%敌敌畏乳油稀释成0.05%浓度，需加水多少？

100ml×80%/0.05% = 160L

② 求用药量

原药剂重量＝稀释药剂重量 × 稀释药剂浓度 / 原药剂浓度

例：要配制0.5%香菇多糖水剂1000ml，求40%乳油用量。

1000ml×0.5%/40% = 12.5ml

（2）根据稀释倍数的计算法

此法不考虑药剂的有效成分含量。

① 计算100倍以下时：

稀释剂重量＝原药剂重量 × 稀释倍数－原药剂重量

例：用40%氰戊菊酯乳油10ml加水稀释成50倍药液，求稀释液用量。

10ml×50−10 = 490ml

② 计算100倍以上时：

稀释药剂量＝原药剂重量 × 稀释倍数

例：用80%敌敌畏乳油10ml加水稀释成1500倍药液，求稀释液用量。

10ml×1500 = 15×10^3ml

参考文献

［1］中国农业科学院植物保护研究所，中国植物保护学会．中国农作物病虫害［M］．3版．北京：中国农业出版社，2015.
［2］吕佩珂，苏慧兰，高振江，等．中国现代蔬菜病虫原色图鉴［M］．呼和浩特：远方出版社，2008.
［3］吕佩珂，苏慧兰，高振江．现代蔬菜病虫害防治丛书［M］．北京：化学工业出版社，2017.
［4］李宝聚．蔬菜病害诊断手记［M］．北京：中国农业出版社，2014.